宋韵明风

宋明家具形制与风格

陈乃明 著

浙江人民美术出版社

中国古代家具，工艺精美，格调高雅，既有实用功能，又不乏审美诉求，历经数千年的演进，虽然风格不一，却美不胜收。在过去的几十年间，随着相关研究成果和出版物的陆续问世，中国古代家具发展史犹如优美画卷徐徐展开，其发展历程也逐渐清晰地展现在我们面前。中国古代家具作为独立的研究学科开始受到中国乃至全世界的关注。

在明式家具之前，中国古代家具主要以漆木家具为主，我们今天所见的秦汉到唐、宋、元、明、清的漆器，无不传达着漆与木的渊源。明中晚期细木家具的出现，尤其是硬木家具的出现，表明漆木家具逐渐淡出了历史舞台。

半个世纪以来，研究中国古代家具的前辈学者最关注的是明式家具，究其原因是明式家具有大量的实例留存，这就为直接并深入研究明式家具提供了佐证。1944 年德国学者古斯塔夫·艾克（Gustav Ecke）先生的《中国花梨家具图考》（*Chinese Domestic Furniture*）问世，开创了中国明式家具研究之先河；国内研究中国古代家具的杨耀先生，1924 年在《民国三十一年国立北京大学论文集》中发表了《明代室内装饰和家具》一文，正式把中国硬木家具命名为"明式家具"，并在 20 世纪 70 年代末出版了《明式家具研究》；到了 20 世纪 80 年代，王世襄先生所撰写的《明式家具珍赏》（1985）和《明式家具研究》（1989）相继出版，特别是《明式家具研究》一书，对明式家具所产生的时代背景、种类、形式、结构和造型规律及装饰特点做出较为全面的解析，为之后的明式家具研究奠定了基础。此书影响深远，引起了世界范围内对明式家具的关注和追逐，明式家具成为私人和博物馆的收藏品。

王世襄先生的研究主要关注黄花梨等硬木家具，书中虽然提到明式榉木家具与黄花梨家具别无二致，并提出就艺术和审美价值而言，榉木不应在黄花梨等硬木家具之下的观点，但由于受到当时诸多条件的限制，王世襄先生只在 1979 年和 1980 年两次去过苏州洞庭湖的东山、西山一带考察，对榉木等软木家具的研究并不深入。在《明式家具研究》一书中收录的榉木家具在数量和质量上也不尽如人意。王世襄先生在后记中也提到：如果把家具作为一个宏观的整体来看，民间家具实在十分重要，其重要性可能超过只有少数人才能使用的硬木家具。从民间留存的千百万件家具中把真正有代表性和材美工良的实物选出来是一个难度极大的事情，除了眼光独到之外，还要消耗许多精力才能做到，对于当时年事已高的他，有杖难行，故王世襄先生发出了"求知有途径，无奈老难行"的感叹。

自此之后，相关研究专著和论文层出不穷，人们对明式家具的认知也不断发生变化，一些旧的观念被不断更新——事物新知益旧知，这是社会发展的规律。2009年出版的黄定中先生的《留余斋藏明清家具》一书中出现了许多前所未有的实例，书中的家具皆为原始皮壳，黄定中先生提出的原始皮壳的概念，对家具的审美和收藏影响至深，这些家具与内地一些博物馆、中国香港及流失到世界各地经过修复和重新打磨上蜡处理的干净皮壳截然不同。

自从王世襄先生的《明式家具研究》一书出版后，优质的黄花梨、紫檀家具成为时代的宠儿，材质至上、唯材质论的现象普遍存在，以至于很多人一提到明式家具，就认为黄花梨才是明式家具的代表，从而忽略中国古代家具最本质的造型和审美。在悠久的历史长河中，漆木家具乃中国古代家具之源，黄花梨家具仅仅是中国古代家具艺苑撷英中的一枝。黄花梨瑰丽的纹理、紫檀如丝绸般的光泽，符合了明中晚期社会富足及当今社会的奢华心态。中国古代家具，特别是宋代及明早中期家具在材质与种类并不丰富的情况下，创造出形制优美的家具，使之在审美上几乎达到后世无法企及的高度。在当下，材质至上、唯材质论的观念，随着人们审美水平的不断提高，其界线已逐渐变得模糊；视审美先于材质者，也不乏其人：材质已变得不是那么重要，造型、审美才是古代家具的精髓所在。例如一张精美的宋画，现在人们根本不在乎它是纸本还是绢本的。近几年，周俊巍先生的《明式榉木家具》和《吴中长物》两本书中收录了大量形制优美的早年份榉木及其他材质的软木家具，也逐渐改变了人们对材质至上的看法。

本书中的宋代家具部分的研究是一个比较困难的课题，其主要原因是宋代留存的家具实例实在太少了，在缺乏家具实例的情况之下，研究宋代家具更多地只能从宋画及文献资料入手，并尽可能在文物实例和宋画中找到宋代家具更多形制和造型特点，并进行深入地解析，使读者对宋代家具的演进及其对明式家具的影响有一个比较全面的了解，从而达到本书的研究目的。从目前国内外的研究现状来看，专家学者重点关注的是对明清家具的研究，对宋代家具的研究尚处于初始阶段。

中国古代家具在每一个时期的造物都蕴含了鲜明的时代特征，任何事物的发展皆非一蹴而就，中国古代家具的样式始终在复古和创新中得到延续。宋代家具在继承前朝家具的基础上，创新出大部分家具形制，并实现了对高形家具的完善和提高，创造出以梁架结构为主的古代家具形式。明式家具源于宋而盛于明是目前被普遍认可的观点，中国古代家具最终在明式家具中得以聚集、沉淀和提升。

中国古代家具的美学内涵，让多少学者、藏家、行家及爱好者魂牵梦绕。宋代家具超然物外的审美所表现出的自然和率真，使我们开始对宋代家具的审美做出新的审视，而宋代家具对明式家具影响深远。此书研究和探讨了宋代家具对明式家具的影响，期望此书的出版能够抛砖引玉，让更多的人来关注和研究宋代家具和明式家具。

陈乃明

庚子（2020）初冬于养正书斋

第一章 中国古代家具的形制与风格

一 概述

中国古代家具在明清以前已经持续发展了数千年，其间的每个时期都会出现不同的造型特征和艺术风格，家具的发展是伴随着各时期社会化的进程和时代的更迭所产生的不同诉求而不断演进的。中国古代家具和建筑有着密切的关联，中国古代建筑以木架结构为主体，是以独特的榫卯结构构成的框架和梁架体系。建筑为大木作，家具为小木作，古代家具借鉴了建筑的构造方式，虽然家具有自身的造型规律，但其构造方式是与建筑相通的。

中国古代家具以木材为主，包括漆木家具、硬木家具和软木家具，其类型包括坐具、卧具、承具、架格、凭具、皮具和屏风等，形式多样，具有讲究法度的设计和制作理念，体现出淳朴、率真的自然审美特征。中国古代家具历经数千年的发展和演变，至明代中晚期，发展到了前所未有的高峰。

上古先民将树桩、茅草、兽皮和石头等自然物作为家具使用。在浙江余姚河姆渡遗址出土的芦席和竹编席，是中国最早出现的家具类型。夏商周到魏晋，人们都是席地而坐，以席作为日常起居的中心。那时候的席子的编制技艺已经非常熟练，考究的有采用锦缘包边（图1）。山西襄汾陶寺遗址出土了一件木案（前2300—前1900，图2）：长99.5厘米，宽38厘米，高17.5厘米，案面中间凹陷，下有板足支撑，案形结体[1]，是迄今出土的中国古代家具中最早的一件木案。此案高度仅17.5厘米，是席地而坐时的用器。汉晋时期坐姿开始向垂足而坐的方式改变；隋唐处于高、低家具交替并存时期；五代时期，高形家具已在日常生活中普遍使用了；到了宋代，人们则完全脱离了席地而坐的生活方式，高形家具的品种已经基本完备。

宋代是中国古代家具最重要的转型期，萌芽于汉，发展于唐的高形家具，在宋代已经普及和使用。宋代家具在前朝家具的基础上不断改进和创新，完善了古代家具的大部分形制，并逐渐发展成熟。由于汉唐的高形家具品种不够丰富，于是，宋代家具就成为创新家具的最初原型。宋代家具继承了中国传统建筑的木架结构的营造方式，对家具的形制、榫卯结构做出调整和创新，构成较为完整的框架和梁架家具结构体系。宋代

图1 西汉 湖南长沙马王堆出土的锦缘莞席

图2 陶寺文化 山西襄汾陶寺遗址出土的彩绘木案

[1] 案形结体：案面伸出，两腿缩进的制作手法。

家具的最大成就是完成了从低形家具到高形家具的根本性变革，低形家具从此退出了历史舞台。

宋代家具传世者非常之少，文献也鲜有记载，现存的宋代家具只有为数不多的墓葬出土的明器和实用家具，但宋代绘画作品中则有大量的家具图像资料。从这些宋墓中出土的家具以及留存的宋画作品来看，宋代家具的种类已经非常丰富，形制也比较成熟。

明式家具深入借鉴中国传统建筑木架构造方式，并在宋代家具的基础上对其造型和制作工艺做出了进一步改进和完善：榫卯结构更趋合理化，制作工艺更加精细化，家具品种完备，制作工艺达到了历史最高水平，实现了形式与功能的完美统一，表现出质朴中有华美、婉约中带灵动的气质。明式家具的最大成就可概括为：用材考究、造型优美、构造精绝、结构科学、功能合理、装饰得体、工艺精湛。其目前有大量留存至今的实例，尤其是明代中晚期所制的家具，集传统家具之大成，以形式与功能的完美结合，成为中国古代家具的典范。

明代改变了几千年来古代家具一贯采用的漆作方法，充分利用木材的天然纹理，通过各种线和形的相互交合，线脚工艺的熟练运用，构件间的细节变化，以及精巧的榫卯结构和精湛的制作工艺，制作出气韵生动、精湛无比的"细木家具"[1]。工匠的精湛技艺和文人的参与设计以及各种优质木材的使用，使明式家具构建出别具一格的艺术形式。至明中晚期，在以苏州为中心的江南地区[2]，其品种与制作工艺已发展到了历史最高水平，处于我国古代家具的黄金时期。

二　夏商周时期

夏商周时期是中国古代家具发展的最初级阶段，中国最早的家具是从带有祭祀功能的器具和宴乐所用的器具中发展而来的，造型以箱体式和案形结构为主。此时的各种器具已经发展成型，家具的类型开始出现，主要以青铜器、漆器和石器为主，种类有禁、俎、案、床、几等器物。器具以四面平[3]结构和案形结构为主要特征。商代所制的青铜器十分精美，是中国青铜器的鼎盛时期。

（一）禁是祭祀或宴飨时置放酒器的用具。四面平形制的器物以西周早期陕西宝鸡台周墓出

[1]　范濂：《云间据目钞》卷二，据民国石拓本《笔记小说大全》第三辑。
[2]　江南：指地理区域，即上海、浙江、以长江为界的江苏南部、安徽南部、江西东部等长江中下游地区。这些地区中，明式家具集中分布的地方有：
　　　江苏：苏州、无锡、常州、镇江。
　　　上海：松江、嘉定。
　　　浙江：杭州、嘉兴、绍兴、宁波。
　　　安徽：绩溪、歙县、休宁、黟县、祁门。
　　　江西：婺源。
[3]　四面平：指的是家具的上下左右四面皆平直的造型。

土的铜禁具有代表性（图 3）。这件铜禁为四面平箱体式结构，前后各有两排孔，每一排有四个长方孔，两侧每一排有两个长方孔，上有夔纹。这是最早出现的酒桌类型的家具。

图 3　商　陕西宝鸡台周墓出土的铜禁

（二）俎是古代祭祀时放祭品的器皿。案形结构的器物以河南淅川下寺春秋墓出土的青铜镂空龙纹俎[1]最具代表性（图 4）。俎为案形结体，俎面长 35.5 厘米，宽 21 厘米，高 24 厘米，俎面喷出，中间收窄，两端较宽，略有塌腰，镂雕螭龙纹，纹饰为抽象的几何纹样。腿为板形造型，四足内缩，腿上镂雕螭龙纹和阴刻回纹，四足扁平，上端宽，中上部以下收窄，内侧断面做出凹槽，制作工艺十分精美。

春秋、战国时期的家具比较低矮，以髹漆木作家具为主。战国漆器工艺继承了商代的技术，并普遍使用在家具上。家具品种有案、几、床、俎等。

图 4　春秋　河南淅川下寺墓出土的铜俎

（一）案：战国出土的各类案子较多，造型以低矮的食案为主。湖北随县战国曾侯乙墓出土了大量文物，其中有一件木质朱漆彩绘凤足书案（图 5），长 138.6 厘米，宽 53.6 厘米，高 44.7 厘米。案形结体，案面呈长方形，周围一圈浮雕装饰纹样。边抹[2]平做，腿缩进安装。两侧腿足皆圆雕成背对而立的凤，凤头承托案下托档，凤尾插入带凹槽的横枨中，并利用两端凸起的兽头夹抵，设计构思极为巧妙。两腿足中间有宝瓶加斗状支柱，用以增加结构的牢固度。下有横枨托子[3]，托子两端雕饰兽头形。纹饰繁缛，雕刻精美，体现出战国时期制器的高超水平。书案很矮，高度只有 44.7 厘米，说明了当时采用席地坐的起居方式。湖南长沙隰顺巷 1 号墓出土的战国云纹木案（图 6），长 71.5 厘米，宽 37 厘米，高 15.6 厘米，案面格角攒框，是古代家具中最早出现的格角攒框做法，说明此时的榫卯结构已经运用于木质的制作。边抹为两叠式，上部平做，下部斜面内缩，四兽足榫卯案面底部相接，底部设横枨托子。案面朱漆绘制卷云纹。

图 5　战国　湖北随县曾侯乙墓出土的朱漆彩绘凤足书案、黑红漆云纹"H"形几

（二）几：指的是凭几，凭几是席地坐时扶凭或倚靠的低形家具，从商周一直到隋唐、五代都在广泛使用。湖北随县战国曾侯乙墓出土的一件黑漆木凭几（图 7），长 60.6 厘米，宽 21.3 厘米，高 51.3 厘

图 6　战国　湖南长沙隰顺巷 1 号墓出土的云纹木案

---

[1]　1978 年河南南阳淅川下寺 2 号墓出土。

[2]　边抹：上下平做或浑圆的线脚，而非上舒下敛。

[3]　托子：案形结体家具腿足的两根横木。

图 7 战国 湖北随县曾侯乙墓出土的黑漆凭几

图 8 战国 河南信阳长台关楚墓出土的黑漆彩绘大床

图 9 战国 河南信阳长台关楚墓出土的黑漆彩绘大床局部

图 10 春秋 湖北当阳赵巷 4 号墓出土的漆俎

 此处无

米，造型呈"H"型，为立式板足结构，立板两侧朱漆描绘几何云雷纹样，立板及横板边抹绘有朱漆卷纹，立板顶端向内圆卷，中间与横板榫卯相接，立板与横板结合处挖出拱角，形成交角，可视为后世壶门[1]形式的雏形。

（三）床：作为低形家具代表的榻床在战国时期开始出现。床是由席发展而来的，是对席地而坐生活方式的提升。目前见到的实例有两例，均出自战国楚墓。河南信阳长台关战国楚墓出土的六足黑漆彩绘床（图8、9），长225厘米，宽136厘米，高21厘米。床身用四纵三横的方材组成，各木构件搭接后出榫，榫卯构造较为精准。木框上搭建六组方格围子，围子前后留有较大的缺口，以便上下。床设六足，足左右雕饰对称卷云纹。床采用鬃黑漆彩绘，四边立面和面框内侧为朱漆绘制的连续回纹，反映了楚地漆艺已达到非常高的水平。此床的高度只有21厘米——在席地坐时期，床榻的高度在12厘米至28厘米之间。到了唐代，随着桌、椅高形家具的出现，原来较低的床榻随着垂足坐时代的到来，高度也渐渐升高，榻床高度达到45厘米到50厘米，与之后的明式家具高度一致，完全适应垂足坐的使用需求了。另一件床出土于湖北荆门战国楚墓，为折叠式构造。

（四）漆俎：湖北当阳赵巷4号墓出土的春秋漆俎（图10），长24.5厘米，宽19厘米，高14.5厘米。木胎黑漆，俎面与板足榫卯连接，俎面鬃朱漆，通体朱漆绘制瑞兽和珍禽。俎两侧有高翘头，中国古代家具中最早的翘头案可追溯于此。

春秋战国出土器具大多以漆器为主，历史上青铜文明是从战国中期开始逐渐衰弱的，这应该与漆器的发展有很大的关系。人们用生漆保护和装饰家具。此时的鬃漆已发展成为高档家具的一大门类，并在上层社会广为使用。鬃漆工艺一直延续到明清时期。

不再

---

[1] 壶门：中间出尖，两侧有对称的圆弧曲线。

三　秦汉时期

　　这一时期人们的起居方式仍然是席地而坐，同时也是低榻的大发展时期，低榻开始日渐普及。

图 11　汉　四川成都东乡出土汉画像砖《讲经图》拓片中的低榻与坐席

　　秦汉时期国家稳固了封建集权统治，社会等级制度严密，崇尚礼制。此时的家具与礼制的关系密切，家具类型的阶层象征意义表现突出，其使用方式是由服务对象的审美要求来决定的，因此，这一时期家具的形制更多的是出于"礼制"方面的考虑，如成都东乡出土的汉画像砖《讲经图》中的独坐式低榻与坐席（图 11）。画中共有七人，一长者跌坐在榻台上，周围有六个学生跪坐在席子上，说明此时十分注重高台为贵的礼节观念。刘熙《释名》解："长狭而卑曰榻，言其鹤榻然近地也，小者曰独坐，主人无二，独所坐也。"独坐榻在汉代是级别很高的坐具。《讲经图》画面左侧的榻为四面平箱体式，造型简单，无任何装饰。右边有三张尺寸不一的席子，席子周边均有织物包镶。

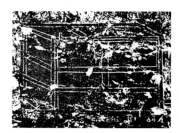

图 12　汉　山东沂南汉画像石刻中的柜子

　　汉代开始出现高形家具的雏形，框架结构的家具初现。高形家具中的柜子最早出现在山东沂南汉画像石（图 12）上。柜子为四面平结体，框架结构。方足落地。正面、侧面作两段分割，顶面有三段分割。从画中的特点来看，这应该是一件木柜，是中国古代家具最早出现的木架结构的柜子图像。

四　三国两晋南北朝时期

　　三国两晋南北朝是古代家具最重要的探索时期，这一时期的家具具有兼收并蓄、融合创新的特点。胡床（也称马扎）在东汉时从西北少数民族传入中原，对之后的高形家具产生了很大的影响，人们的生活方式从席地而坐开始向垂足坐过渡，高足式家具逐渐形成，并日臻成熟。最早的胡床出现在北魏时期，见敦煌莫高窟第 257 窟的《须摩提律经》（图 13）。

图 13　北魏　敦煌莫高窟第257 窟《须摩提律经》中的双人胡床

　　东汉之际佛教开始传入中国，并在南北朝兴盛，佛教对华夏文明产生了很大的影响。由于佛教的普及和北方及西北民族的内迁，家具的造型发生了变化，宗教家具的佛座、供桌、香案和日常生活使用的床、榻、几、案、架类家具有了较大的发展。随着佛教的日益兴盛，家具装饰风格发生了很大的变化，出现了具有佛教风格的火焰纹、莲花纹、忍冬纹、缠枝纹等装饰纹样。

其中的火焰纹饰以山西大同北魏司马金龙墓出土的漆画木板床屏中所绘制的屏床最具代表性（图14）[1]。所绘的列女，题材来自《列女母仪图》《列女仁智图》《列女贞顺图》。屏床造型与后世的罗汉床[2]类似。床面上有三面围子，围子较高，围子格角攒框镶板，镶板内有斜方格装饰。屏床带四足，腿为板足式[3]，板形构造，是由两块板垂直相交而成，板足间的牙条为火焰纹饰。唐代家具中流行的壶门是由火焰纹演化成的锯齿纹，之后曲线变得圆弧柔和，演化成壶门轮廓。开始是几组较短的壶门，最终成为大曲线的壶门轮廓。

图14 北魏 山西大同司马金龙墓出土的彩绘屏床局部

这一时期家具朝着大型化发展，四面平箱体式家具的发展取得了长足的进步，四面平壶门结体的家具逐渐成为最具代表性的家具形式。

大型四面平结体家具较早的图像资料出现在北魏时期的敦煌莫高窟第203窟中，菩萨跪于榻上（图15），榻为四面平箱体板足结构，四面券口[4]开光[5]，每一面券口各开光两组，边抹平做，板足式挖缺成曲尺形。前面的小座四足落地，四面平板足式，足端加宽，挖缺成曲尺形，是较早出现的带腿足家具的画例。两件家具均造型简约，形制优美。

大型家具的出现可见东晋顾恺之《女史箴图》中的床（图16），床座为四面平壶门箱体式，壶门牙板呈锯齿状。床的四角立柱，上有顶，顶面平面镶板，边抹立面平做，之下四周有帷幔。床座上采用高围屏式，中间两扇围子可以开合，围屏正面攒框镶板，框内侧沿边起线，围屏背面攒框镶小格子，围屏的高度在人的腋下，高于后世的床围，床的高度已经达到垂足坐的标准，是古代家具中最早出现的四柱

图15 北魏 敦煌莫高窟第203窟菩萨像中的独坐榻（线描图）

[1] 山西省大同市博物馆、山西文物工作委员会：《山西大同石家寨北魏司马金龙墓》，《文物》1972年第3期，第17页。

[2] 罗汉床：三面装有围子的床。

[3] 板足式：用厚板拼接而成，而非实木。

[4] 券口：三根牙板安装在方形框架中形成拱圈状。

[5] 开光：家具上攒边框，框内空透，或安券口，内镶文石，或锼挖、雕刻，均可称为"开光"。

图 16　东晋　顾恺之《女史箴图》中的架子床

床形制。

　　北齐画家杨子华《北齐校书图》中有一张大型四面平壶门箱体式榻（图 17），高度已经完全满足垂足坐的要求。榻上铺席，壶门开光，前后有四组壶门组成，壶门为多组出弧线出尖角构成，并未形成后来的大壶门弧线。板足下端向内弯弧与贴地的托泥单交圈[1]，在牙板上做出弧线，说明板足起着结构支撑的重要作用。贴地一周的托泥中间加直枨。此床形制已非常成熟，造型优美，是四面平壶门箱体造型家具在南北朝时期得到大发展的例证。

　　壶门最早的形制出现在辽宁义县花雨楼窖藏出土的西周青铜双铃俎上（图 18），面为长方浅承盘式，下连壶门式板足，上阴刻云雷纹和兽面纹。板足空档两端各悬挂椅扁形小铃。汉魏也出现了壶门结构形制的家具样式，如西魏时期的敦煌莫高窟第 285 窟《禅修》（图 19）中的一禅僧跌坐的四面平壶门榻。壶门在南北朝发展成较为典型的壶门样式，是之后唐、宋家具中最主流的

---

[1]　交圈：两个同构件相互衔接连贯，弯转如圈。

图 17　北齐　杨子华《北齐校书图》（局部）

图 18　西周　辽宁义县花雨楼
窖藏出土的双铃俎

图 22　三国吴　安徽马鞍山朱
然墓出土的曲形凭几

图 19　西魏　敦煌莫高窟
第 285 窟《禅修》

图 20　北魏　莫高窟第 285
窟壁画中的筌蹄

图 21　北魏　敦煌莫
高窟第 257 窟壁画中
的方杌

形制之一，明式家具中也有少量的壸门式家具留存至今的实例。

从西晋开始，席地坐、跪坐的礼节观念逐渐淡薄，人们开始向垂足坐的方式发展变化。杌
凳[1]、筌蹄[2]频频出现，以适应垂足而坐的生活方式。北魏时期的在敦煌莫高窟第285窟中绘有腰
鼓形筌蹄（图 20），第 257 窟中绘有方杌（图 21），垂足坐的方式在画例中得到佐证。

这一时期凭具造型出现较大的变化，除了直线造型外，如安徽马鞍山三国东吴朱然墓出土
的黑漆曲形三足凭几[3]（图 22），长 69.5 厘米，宽 12.9 厘米，高 26 厘米。木胎，几面呈圆弧形，
抛圆形成混面[4]，沿边倒圆，下有弯曲三蹄形足。通体髹黑漆，色泽光亮，造型光素，磨制精细，
工艺精美。此凭几是迄今最早的一例实用凭具。

五　隋唐时期

隋唐是中国历史上较为强盛的时期，政治、经济高度发展，文化艺术繁荣，也是国内民族大
融合时期，优越的社会环境对造物水平的提高和人们审美的提升产生了很大的影响。唐代家具形

---

[1] 杌凳：凳子在北方的称谓。

[2] 筌蹄：用竹藤编制，圆形束腰，至五代演变为各种绣墩。

[3] 安徽文物考古研究所、马鞍山文物局：《安徽马鞍山东吴朱然墓发掘简报》，《文物》1983 年第 3 期，
第 6 页。

[4] 混面：线脚的名称，即凸起的圆弧。

体很大，具有厚重、华丽、浪漫的审美特征，外来的装饰风格与汉文化深厚积淀以及建筑大木作的富宏气质，对唐代的家具形制产生了很大的影响。唐代家具表现出装饰丰富、家具大型化、注重均匀对称、造型雍容大度、色彩富丽华贵的特点。

隋唐时期低形家具和高形家具相互交替，也是跪坐、盘腿坐与垂足并行的时期，从敦煌莫高窟第 445 窟北窟的唐代作品《剃度》（图 23）中出现的各类家具中可得佐证。此时期高形家具发展得到了长足的进步，出现了造型新颖的家具样式，如杌子、椅子、大桌、高榻、屏风、架格等家具新类型。作为高形家具的代表的桌子、椅子、长榻出现在隋唐之际。

敦煌莫高窟第 473 窟中的唐代作品《宴会图》（图 24），在帷幔内有一张大桌和一张长凳，均方材所制，造型为非常简单的框架结构。桌子周边四面有垂帷，桌下结构不得见，推测应该与长凳的造型一样。长凳的高度已可供垂足坐，凳面攒边，边抹平做，四腿缩进安装，方腿直落，腿足间设有管脚枨[1]。

椅子在中国古代家具中具有最重要的地位，它经历了上千年的从低坐到高坐、从跪坐到垂足坐的漫长演进。椅子的名称最早见于唐代《济渎庙北海坛祭器杂物铭》碑阴所记"绳床十，注：内四椅子"。最早的靠背椅出现在敦煌莫高窟第 314 窟西壁北侧的隋代作品《文殊菩萨》壁画中（图 25），其为两出头官帽椅形制，椅子搭脑出头，后腿一木连做，扶手平直，与前腿垂直相交，扶手下镶板，尺寸较大，文殊菩萨趺坐其上。敦煌莫高窟第 196 窟的唐代壁画中的椅子为最早

图 23　唐　敦煌莫高窟第 445 窟北窟《剃度》

图 24　唐　敦煌莫高窟第 473 窟《宴会图》中的大桌和长凳（线描图）

[1]　管脚枨：管住四足的横枨。

图 25　隋　敦煌莫高窟第 314 窟
西壁北侧《文殊菩萨》

图 26　唐　敦煌莫高窟第 196 窟唐代壁画劳度
叉斗圣变相中的靠背椅

的四出头官帽椅的画例（图 26），椅子髹朱漆，弓形搭脑[1]，扶手平直，搭脑与扶手皆出头，是典型的四出头官帽椅样式，腿足有管脚枨。左边有一张两个僧人共坐的四面平箱体式壶门开光坐榻。

　　唐代的上层社会在跏趺坐的基础上发展出垂足坐，坐具品种较为丰富，出现一种平面呈半圆形，三弯腿足内侧挖缺，被称为"月样机子"的垂足坐具。唐代《宫乐图》中的大案周围一圈约有十几张"月样机子"（图 27），画中的"月样机子"为壶门式板足造型，无束腰，机面前面向内弯曲，后面向外弯曲，形成月牙形，机面上有绣花坐垫，边抹上有镶嵌，后面中间垂挂蝴蝶结璎珞。壶门式牙板彭出，牙板下部两侧出尖挖缺与板足腿连成一体。足两侧剜成三弯曲线，看面中部有宝相花镶嵌装饰，足端两侧外翻兜转。机子曲线优美，装饰华丽，造型特征具有唐代富贵浪漫的特征。

　　唐周昉《内人双陆图》（图 28），画中有一张双层双陆局，两张"月样机子"。"月样机子"造型比上一例简单，机面略呈半圆形，边抹为平面做法。四腿为直角板足式，上端挖曲尺形与壶门牙板结合，两侧中部挖缺成外凸云头纹，足端半朵云纹外突，底部平做，牙板与板足沿边起线，造型别致，浪漫洒脱。

　　"月样机子"是唐代除床榻之外，贵族阶层使用最多的坐具。在宋画中出现"月样机子"的坐具，如（传）宋赵佶摹张萱《捣练图》中绘的"月样机子"（图 29），造型比之前的洗练；宋人仿唐代周昉的《挥扇仕女图》中，也出现了"月样机子"坐具（图 30）。《挥扇仕女图》中的圈椅是在"月样机子"的基础上加上椅圈，而成为圈椅样式（图 31）的。圈椅最早的画例出现

---

[1]　搭脑：椅子最上面的一条横木。

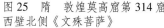

图 27　唐　佚名《宫乐图》（局部）

图 28　唐　周昉《内人双陆图》（局部）

在唐代。

唐代主流的家具形制是壶门箱体式，造型具有均匀对称的特点。壶门箱式形制主要用于床榻和小型家具制作。唐周昉《内人双陆图》（图28），画中有一张双层双陆局，为壶门式箱体结构。立墙皆平面造法。上层为承盘式双陆棋盘，下分两层，为同样的壶门式开光，长边两侧上下各分两组，短边两侧上下各分一组，中间承板落堂安装，板足造出内弯曲尺形，造型简练，四平八稳，均匀对称。

《宫乐图》中的大桌（图27），为壶门箱体式结构，尺寸较大，造型壮硕，装饰华丽，线脚工艺十分丰富。大桌面攒框，面心落堂安装，有方格网状纹饰，边抹四角有金属角花包镶。桌下为壶门箱体式，整体缩进安装，两侧有三组壶门，前后有五组壶门组成，壶门上带有小曲线连做成锯齿状，连接两侧曲线内弯的板足，板足下端向内弯弧，与贴地的托泥单交圈。边抹为三叠式，上层素混面，下两层平做，依次内缩呈叠涩[1]状。这种叠涩式的设计来源于佛教塔基、龛座及建筑台基中的须弥座[2]，后来发展成有束腰结构的家具。明式家具中的冰盘沿[3]和托腮[4]可追溯于此。这张大桌的壶门的形制与《北齐校书图》中榻的壶门造型完全一致。敦煌莫高窟第468窟北壁西侧的唐代作品《十二大厂愿》中绘有一张四面平大桌（图32），壶门为大曲线轮廓。右侧殿内有佛跌坐在小榻上，榻为四面平形制，四足落地。

隋唐时期的框架结构的桌、梁架结构的高型案类在实践中应运而生，带束腰的家具开始出现。唐代画家卢楞伽的《六尊者像》中绘有带翘头的高束腰供案（图33）、高束腰的长方桌（图34）。

供案的案面两端设高翘头，翘头倾斜上扬后勾，形如鸟喙。束腰极高，下有托腮。鼓腿彭牙[5]，牙板斜出成披肩样式，下部造出蜿蜒连贯的曲线，两侧透雕云纹与三弯腿足连成一体。腿足内侧锼挖，中间外凸，足端外凸出尖角落地。腿间装悬枨，悬枨造型弯曲连绵，呈

---

[1] 叠涩：须弥座束腰上下依次向外突出的各层。

[2] 须弥座：有束腰的台座。

[3] 冰盘沿：线脚上舒下敛，其断面与盘碟边沿的断面相似。

[4] 托腮：束腰与牙板条之间的台层。

[5] 鼓腿彭牙：牙条和腿足自束腰以下向外彭出，是有束腰家具的形式之一。

图29 （传）北宋　赵佶摹张萱《捣练图》（局部）

图30 北宋　宋仿唐周昉《挥扇仕女图》中的"月样杌子"

图31 北宋　宋仿唐周昉《挥扇仕女图》中的圈椅

图 32 唐 敦煌莫高窟第 468 窟
北壁西侧《十二大厂愿》

图 33 唐 卢棱伽《六尊者像》
中的高束腰供案

图 34 唐 卢棱伽《六尊者像》中
的代束腰桌

八字形。

　　高束腰的长方桌纹饰布满桌身，装饰风格非常繁缛。桌面很厚，边抹平做，有连续的方块图案纹饰。平地高束腰，束腰缩进较多，下有莲花瓣纹托腮，披肩式，沿边起线。托腮与腿足成直角连接。壶门牙板沿边起线。方腿直角结合成板足式，直落在托泥上，托泥内外边抹皆起线脚。这两件家具是中国古代家具中最早出现的高束腰案和桌的画例，同时证明至少在唐代已经出现带束腰的家具。

　　唐代梁架结构的画例可见敦煌莫高窟第 85 窟窟顶的晚唐壁画《楞伽经变》中的两张方桌（图 35），桌为梁架结构，四腿直落，腿稍缩进安装。腿间无枨和牙板，无任何装饰，造型非常简单。

　　唐代家具上承秦汉，下启宋元，其中一些家具因沿袭上代形制，造型还是以箱体式板结构为主，如唐阎立本《历代帝王像》中的四面平壶门箱体坐榻（图 36），榻为正方形。每一面都有两组壶门开光。底部有托泥。造型空灵，线条流畅，器形优美。榻自出现后被沿用了很长时间，也成为家具向"高形"发展的标志。

　　中国古代从席坐到垂足坐延续了数千年，从先秦到唐代，"床榻"一直是坐具的称谓。普通人坐在席上或床上；统治阶级和富有阶层除了席、床之外，还有一种专用的家具，即榻。榻的地位极高，在佛教中，只有佛、菩萨才能享用床榻，如敦煌莫高窟第 103 窟东壁南侧的唐代作品《维摩诘》（图 37），图中的维摩诘坐在榻上正与文殊菩萨对答，下面绘有各国使节和香积菩萨。到了唐代，这一现象才有了改变，从唐代的绘画作品中可以看到文人、达官贵人等基本是在床榻上或榻的周边活动。此时床代表的等级观念和象征的身份意义开始减弱，在日常生活中也能见到榻的使用情况，敦煌莫高窟第 23 窟窟顶东侧的唐代作品《法华经变观音普门品》（图 38）以山

图35　唐　敦煌莫高窟第85窟壁画《楞伽经变》　　图36　唐　阎立本《历代帝王像》（局部）

水为背景，描绘了日常生活的场景，舍内绘有两人共坐的一案形长榻，是最早出现的案形结构的榻的画。到了五代时期，以榻为单一活动中心的生活方式开始改变，产生了桌、椅或桌、凳的组合方式。出现了插肩榫[1]案形结构的榻。

　　唐代家具的装饰非常丰富，家具的纹饰吸收了各民族文化，题材以花卉图案居多，忍冬纹、折枝花、团花、缠枝纹及花鸟成为家具的主要装饰纹样，具有装饰华丽、风格浪漫、色彩绚丽的特征。家具有素木漆饰、螺钿镶嵌类，并创新了漆雕工艺：即剔红、剔锡，并把这种工艺的制作发挥到了极高的水平，对后世的漆雕产生了深远的影响。

　　唐代家具传世者甚少，对唐代的家具了解只能借助绘画、壁画等图像资料以及少量出土的家具模型。

　　新疆阿斯塔那唐墓出土了一件嵌螺细木双陆局（图39）[2]，长28厘米，高7.8厘米。双陆局为壶门式箱体形制。立墙皆平面造法。上层为承盘式双陆棋盘，盘两长边中间镶嵌上下弦月牙，左右各有六个

图37　唐　敦煌莫高窟第103窟东壁南侧《维摩诘》

图38　唐　敦煌莫高窟第23窟窟顶东侧《法华经变观音普门品》

---

[1] 插肩榫：插肩榫与夹头榫在结构上差别不大。它的腿足上端都是出榫的做法，出榫部位和案面底部结合。腿上截铲削出斜肩，牙条与腿相交处也铲剔槽口。在牙条与腿安装时，两者斜肩相互夹，形成同一个平面。如果案面压力越大，牙条和腿足就扣得更紧，左右方向不会错开，形成稳固的榫卯结构。

[2] 新疆维吾尔自治区博物馆：《新疆出土文物》，文物出版社，1975年。

图 39 唐 新疆阿斯塔那唐墓出土的双陆局

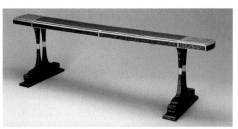

图 41 唐 紫檀凭几

图 43 唐 紫檀琵琶

图 40 唐 紫檀嵌螺钿围棋棋局

图 42 唐 紫檀凭几 (局部)

图 44 唐 紫檀琵琶 (局部)

螺钿花眼,盘中间有纵二条横二条格线,格线内镶嵌有云头、折枝花和飞鸟螺钿。棋盘之下的箱体为壶门开光样式,长边开两组,短边开一组,壶门轮廓成长曲线形,改变了之前小曲线连做的弧形壶门形轮廓,壶门轮廓与曲尺形板足连接,板足与贴地的托泥交圈。造型四平八稳,形制十分优美。这件嵌螺细木双陆局的形制与唐周昉《内人双陆图》中的类似,从而证明了绘画作品是根据实例来绘制的。

　　在日本奈良东大寺正仓院保存了一批在盛唐的家具,这些家具保存状况良好,皆形制优美,工艺精湛无比,反映出唐代家具设计和制作工艺的高超水平。种类包括屏风、几案、床榻、椅子、双陆局、棋局、箱柜等等,其中有紫檀嵌螺钿围棋棋局(图40)、紫檀凭几(图41、42)、紫檀琵琶(图43、44)。这些器物证明了在唐代就有用硬木制作家具的实例,不过这些紫檀家具并非紫檀实木所制,而是采用紫檀贴皮来制作的,这些家具为我们提供了难得的实物资料,使我们能一窥盛唐家具风貌。

六　五代时期

五代是介于唐宋之间的特殊历史时期。五代时期的家具实例、明器模型、绘画中的资料甚少，但从少数的画例中却反映出大量的家具信息。五代家具在形制上取得重大的突破，出现的家具皆以梁架结构为主，与之后的宋代家具在形制上较为接近。

1975 年 4 月在江苏邗江蔡庄五代墓出土的木榻[1]，长 188 厘米、宽 94 厘米、高 57 厘米（图 45）。木榻为无束腰插肩榫案形结体，梁架结构，牙板为断牙式。具体做法是：腿上端与榻面结合处透榫[2]。榻面大边与抹头尚未完全使用格角榫[3]，而是前面约三分之二为 45° 格角，靠里面约三分之一平做与边抹平接，再楔入铁钉固定。抹头由两根短料各伸出一段合掌交搭（图 46）。榻中间设托档七根，上面用铁钉钉上九根木条，穿带[4]出半榫纳入大边。腿足扁方，中间有一道缝，是由两块板拼接而成，左右对称挖缺出多向云头纹，面上阴刻云纹，上端与角牙斜接。角牙为垂云形，面上阴刻云纹（图 47），角牙与大边交接处用铁钉固定，家具构件之间的连接基本上采用钉子固定（图 48）。榫卯只有腿足与案面结合和穿带与大边结合两处，说明了此时的家具榫卯结构未臻成熟。插肩榫案形家具源于五代，插肩榫形制的家具被一直延续到宋元明清，作为一件五代家具实例，在中国家具史中具有重要的研究价值。宋代、明代插肩榫结构的案、榻可追溯于此。

五代王齐翰[5]《勘书图》（图 49）、五代周文矩[6]《重屏会棋图》（图 50）画中也出现无束腰插肩榫榻，形制与江苏邗江蔡庄五代墓出土的木榻几乎一样，说明当时的绘画作品中是以日常生活中的家具为对象来绘制的，是现实中的器物在绘画上的真实反映。

---

[1]　扬州博物馆：《江苏邗江县蔡庄五代墓清理简报》，《文物》1980 年第 8 期。

[2]　透榫：榫眼凿通，榫端显露在外的榫卯。

[3]　格角榫：大边与边抹各自斜切 45°，相互结合处造出榫卯。

[4]　穿带：面板底部与大边的榫眼结合的木档。

[5]　王齐翰，南唐金陵（今江苏南京）人。南唐李煜在位时为翰林待诏。其画以笔法入细者胜，擅长佛道人物画，也能画山水。他的人物画上承唐代的余绪，在技法、风格和流派等方面均有所发展，具有自己的风格。画史上说他画佛道人物多思致，善于将所画人物置于山林丘壑的环境背景中，无一点俗气。

[6]　周文矩，五代南唐画家，建康句容（今江苏句容）人。生卒年代不详，约活动于南唐中主李璟、后主李煜时期（943—975），后主时任翰林待诏。周文矩工画佛道、人物、车马、屋木、山水，尤精于仕女。周文矩也是出色的肖像画家。存世作品多为摹本，如《宫中图》《苏武李陵逢聚图》《重屏会棋图》《琉璃堂人物图》《太真上马图》。

图45　五代　江苏邗江蔡庄出土的木榻

图46　五代　江苏邗江蔡庄出土木榻的格角做法

图47　五代　江苏邗江蔡庄出土木榻的腿足

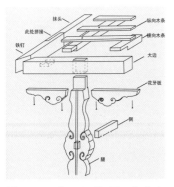

图48　五代　江苏邗江蔡庄出土木榻的榫卯结构图

五代王齐翰《勘书图》，设色绢本横卷，纵 28.4 厘米，横 65.7 厘米，有宋徽宗赵佶御笔题识"勘书图""王齐翰妙笔"，此画距今一千多年，为现存古代绘画精品，现藏于南京大学。

《勘书图》中的家具为我们提供了丰富信息，是研究古代家具形制演变的重要图像资料。画中描绘了一雅士勘书之暇挑耳自娱情景，雅士白衣长髯，袒胸赤足，一手扶椅，一手挑耳，微闭左目，复翘脚趾，状甚惬意。身后有三叠屏风，上绘山水画，画工十分精到，山水不用勾皴法，用落骨法绘制，林峦叠嶂，草木茂密，用唐人遗法描绘江南山水，有别于董源的青绿山水。屏风前设有一张长榻，上置古籍卷册等物。雅士身前有一小案，陈列笔砚简编等物。另有一黑衣童子侍立。画中人物神情精妙，衣纹则圆劲中略有转折顿挫。画中的四件家具，非常具体形象：

一是一件尺寸很大的三折大座屏，屏板框格角攒框镶画，中扇宽，两边的窄，约呈 45° 交角，屏板之间用金属合页连接，合页为葵花形，屏座两侧由云纹形墩足固定。

二是屏风前的长榻，榻为梁架结构，插肩榫案形结体，长方形。坐面板厚实，面中间有与大边一样宽的木档支撑，其作用与后来的家具上的穿带作用一样，两侧铺有织物。边抹平做，转角有錾花金属包角。四足为云头纹剑腿式，中间起一炷香线[1]，两侧对称挖缺成有多向云头纹轮廓，与承托榻面的断式垂云牙头结合，沿边起线脚。榻的用料厚实，造型壮硕，形制古朴，是在古代绘画中出现得最早的案形结构榻的画例。

三是右侧的四出头官帽椅，方材制。搭脑为弯拱形，两端出头微起翘平切。扶手后高前低略带弧形出头平切，扶手下鹅脖平直，退后安装，不设联帮棍。这种做法证明了在之后的明式椅子中，鹅脖退后安装和不设联帮棍的椅子，通常年份较早。腿足下端设赶枨[2]，前面的踏脚枨几乎贴地安装，采用榫卯互让，是在座椅中最早出现赶枨做法的画例。唐代的椅子的管脚枨都在一个水平面相交，五代家具构件在设置上明显不同于之前的家具，在结构的合理上明显好于前朝，这

---

[1]　一炷香线：腿足正面起一道阳线，多用于案形结体家具的腿足上。

[2]　赶枨：为了加固椅子，变换腿足的横枨、顺枨的高度。

图 49　五代　王齐翰《勘书图》（局部）

图 50　五代　周文矩《重屏会棋图》（局部）

一结构方式被后代的工匠所继承，并在实践中不断完善。椅子上披垫兽皮。搭脑、扶手外露的部分似有浅色纹饰，据此推断，可能是黑素漆上有彩绘纹饰。椅子造型端庄，形制成熟。

四是案子，梁架结体，方材制。面略呈长方，攒边装心板。边抹平面做法，四角有金属包镶。大边两处出明榫、抹头两处出明榫，由此可以推断底部的穿带呈井子形。案子不设牙板。四腿缩进安装，前后顺枨高，两侧横枨低，榫卯互让。整体光素无饰，造型十分简素。从比例来看，此案较矮，画中的案椅的组合方式，是最早出现案椅同时使用的画例，之前的案子和椅子都是各自独自使用的。

关于这件家具是桌还是案，学术界有不同的看法，非常值得商榷。从家具的形制特点来看，明显属于案形结构。案形家具是四腿缩进安装，桌是腿足位在四角。画中的这张案子是最早出现的案形家具画例。在之后的宋代家具中则出现了带牙板夹头榫结体的案形家具，结构更趋合理。

五代画家周文矩《重屏会棋图》（图50）中有榻三张，棋桌一件，翘头案几一张，屏风一件；屏心中还画有一件三折座屏，两张榻：画中一共有五张榻，这五张榻有四种不同的制式。

前面的榻，为梁架结构，方材制。面格角攒框镶板。边抹平做。侧面足间设单横枨，造型与做法都比较简单。

会棋的另两人坐的后面的榻，案形结体。榻面的边上有两道线，应该是上面铺席，席子锦缘包边。边抹平做。垂云断式牙板与腿足连成一体。板足左右为对称云头纹，足端造出仰俯卷叶形轮廓，腿足中间起两道线。榻上置有投壶、砚盒等物品。形制与《勘书图》中的榻一样。

右侧的窄长榻，四面平多组壶门箱体式。榻上有盝顶箱和置物架。榻面似有席子铺垫。

画屏中前面的榻，造型较为复杂。榻身边抹平直，下有高束腰。束腰有立柱支撑，嵌装绦环板，浮雕蔓草纹。箱体为壶门式，壶门为多洞式。贴地一周有托泥。榻座两侧上加栏杆，上面的横木出头上翘。后面的榻形制与左边的榻一致。

案几带高翘头。两侧为曲足栅栏式，上部弯曲回卷云头纹承托案面，下有托泥。

围棋桌为四面平壶门箱体式，正方形。桌面起栏水线，每一面皆有两组壶门开光，下有托泥支撑。

五代画家顾闳中《韩熙载夜宴图》（宋摹本）（图51、52），画中的家具形制更像宋代家具。画中有平头案和酒桌一共五张、带帷幔的床两张、罗汉床两张、座屏三件、靠背椅六张、带翘头的衣架两件、绣墩若干、鼓架一件等二十几件家具，人物皆垂足而坐。其高形家具形制已十分成熟，家具皆髹黑漆或朱漆。造型端庄秀丽，用料纤细。夹头榫圆腿素刀牙案子首次在古代绘画中出现。平头案和酒桌的造型与明式家具别无二致。

画中尺寸不一的平头案的枨子有两种做法：

一是前后设单顺枨，侧面双顺枨。

二是前后无枨，侧面双横枨，与之后宋代和明代出现的平头案形制一样，也是之后明式家具中主流的平头案形制。

椅子的搭脑皆为弓形，两侧出头上翘。管脚枨的侧枨和后枨安装的位置很高。韩熙载坐的椅子坐面以上为圆材，坐面以下方材，上圆下方。搭脑弯弓，背板攒框镶石。椅子与脚踏连成一体，赶枨为步步高式。坐面有坐垫，其他椅子皆搭有织物。其中也有枨子安装位置较低的，侧面与后面设双枨的，下枨安牙条的，正面踏脚枨设双枨和踏脚封板的。

五代时期的家具造型以方材为多，且都出自江南，如王齐翰《勘书图》，周文矩《重屏会棋图》《宫中图》《琉璃堂人物图》，卫贤的《高士图》中的家具都是方材造型。

中国古代家具发展到了五代时期，造型简约、样式丰富，形制逐渐成熟，高形家具的优势地位开始确立，梁架结构的家具逐渐增多。五代时期把之前的箱体式演化成四足落地的梁架结构、圆腿刀牙案结体的梁架结构平头案开始出现。

五代时期在中国古代家具史上具有划时代的意义，可视为宋代家具成熟和完善的前奏，具有简练、质朴的特质，对宋代家具的发展产生了深远的影响。

七　宋代家具

宋代是中国古代历史上文化教育、商品经济的繁荣时期，社会审美思潮在继承传统思想和文化的前提下鼓励创新，提倡自然主义，造物体现出平素简约和自然雅致的审美特征。宋代的词作、散文、书法、绘画成就巨大，影响深远，同时工艺美术取得的成就与历史地位也是举世瞩目的。正如陈寅恪所说："华夏民族之文化，历数千载之演进，造极于赵宋之际。"

宋人在哲学上尊崇自然，在新儒学思潮的倡导下，追求秩序和法度，反映在造物上是一种理性思维和规范的形态。宋代工艺美术具有典雅、简素的艺术风格，陶瓷、漆器、染织大多造型古雅、色彩纯净、内敛天真、不事雕琢，以质朴取胜，给人以清新雅致之感，素朴简雅为其审美的主要特征。家具设计与制作也受其影响，宋代家具风格以工整、简约、挺秀、素雅为主要特点，追求造型上的风格统一和细节变化，具有复古与创新、自然与装饰并存的审美特征，体现出宋人以简洁素朴为美的审美特征。

宋代家具实现了高形家具由成熟到普及的过程，创造出以框架和梁架结构的直线型为主的家具形式，采用榫卯构件的交结，用严谨的尺度组成优美的比例，形成了造型平淡自然、风格文雅清秀的艺术风格，与唐代家具恢宏大气和装饰华美所表现出来的富丽华贵风格完全不同。

宋代家具的种类有坐具、卧具、承具、庋具、架格、屏具、架具，几乎涵盖了日常生活中所有的家具品种，这些家具大大丰富了中国古代家具类型，并出现了更多造型的家具，如高桌、高案、折背椅、交椅等品种。

宋代家具的材料有木、竹、藤、草、石等，但主要还是以木材为主，使用的木材有柏木、楠

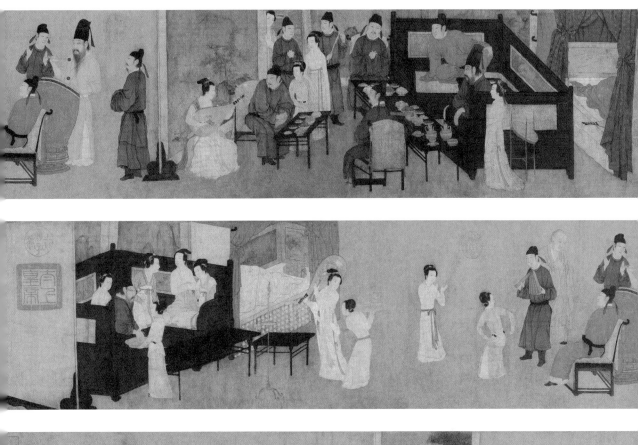

图 51　宋　摹五代顾闳中《韩熙载夜宴图》

图 52　宋　摹五代顾闳中《韩熙载夜宴图》（局部）

木、杉木、杨木、桐木、楸木、杏木、梓木、榆木等软木及乌木、紫檀木、花梨木等硬木。

宋代完成了高形家具的发展进程，总体风格自然和简素，但两宋的家具形制在发展过程中还存在一定的差异。北宋高形家具基本普及，南宋完成了高形家具的成熟化和系列化的进程。如果以地域来分，可以以淮河为界。淮北的黄河流域地区为北方风格，淮南的长江流域地区为南方风格。北方风格包括山西、山东、陕西、河南等地区，这些地区受到游牧民族文化影响，家具多用雕饰与朱髹金饰，造型雄浑朴拙。南宋都城临安，正是吴越文化的发源地，南方家具风格受其影响较大，家具以素漆家具为多，风格趋于简练和典雅。

（一）北宋家具的形制分析

随着高形家具的形成和普及，家具形制有了较大的变化，除了少量家具沿袭古制，采用箱体板形结构之外，家具大多突破前朝的箱体式结构、板形结构，大多以四面平框架结构和梁架结构的形式出现。框架结构主要用于床榻和大型桌案制作，并深入借鉴建筑大木作的构造方式，实现了梁架结构家具的快速发展，其中以梁架结构的案形和椅子家具为多，并逐渐趋于成熟。家具的榫卯和线脚工艺有长足的进步，线脚工艺逐渐丰富，混面和冰盘沿等线脚工艺开始运用。

四面平框架结构的家具以北宋画家苏汉臣的《妆靓仕女图》（图53）和北宋画家王诜《绣栊晓镜图》（图54）中的家具最具代表性：

《妆靓仕女图》中的大桌和小坐榻都是四面平框架结构，两件家具制式一样，面子很厚，上有织物铺盖。

桌子为素漆。边抹平做。通体有纹饰，绘制精细。牙板与腿交圈，腿内侧挖成曲尺形，足端两侧双双外凸上翘，镂剜成卷转花叶轮廓，落在贴地一周的托泥上。小坐榻采用朱漆彩绘或漆雕工艺。这两件家具造型简练，形制优美，最大特点是脱离了之前箱体板构造形式，采用四足落地的框架形式，是家具结构与形制的重大突破。此时的四面平结构的家具大多需要托泥辅助家具的结构，用以增加结构上的牢固度，说明北宋时期的榫卯结构还处于完善阶段。

《绣栊晓镜图》中有坐榻一张，长方桌一张。

坐榻为素漆，形制沿袭古制，为四面平箱体多洞式开光的板形构造，造型圆婉合度，弧线流畅。板足[1]曲线内弯与托泥交圈。榻面铺席，席子周边有锦帛包边；长方桌髹黑漆，四面平无束腰结体，采用四足支撑的框架结构。桌面有织物铺盖，四角有带子绑在四角上。桌面、边抹和腿三个构件用粽角榫[2]在同一处相交，这种结构欠缺牢固，说明北宋家具尚未解决结构的合理性问题。腿足挖缺做[3]，内侧挖成曲尺形，足端双双上翘，剜出卷转花叶轮廓。腿足内侧的大曲线可视为之前壶门轮廓遗留的痕迹。这张长方桌造型简约、挺拔、空灵，卓然而立，是之前四面平箱

---

[1] 板足：用厚板造成的腿足。

[2] 粽角榫：三块方材的榫卯在一处结合，形如粽子的一角而得名。

[3] 挖缺做：指在方腿的内侧直线剜成曲线形。内侧断面与牙条相交处形成大弧度交圈。

图 53　北宋　苏汉臣《妆靓仕女图》中的四面平坐榻、四面平大桌

图 54　北宋　王诜《绣枕晓镜图》中的四面平条桌、榻

图 55　北宋　张择端《清明上河图》中的平头案、条凳

体结构演进为宋式四面平框架结构的一个典型案例。

梁架结构的家具以北宋画家张择端的《清明上河图》中的最具代表性，画中平头案、酒桌、桌凳组合随处可见（图 55）。平头案皆为圆腿素刀牙夹头榫[1]造型，有通长牙板和断牙式牙板，前后有顺枨或无顺枨的形制。北宋时期大量出现的圆腿刀牙案形梁架结构的家具开始代替前代的板足结构的家具，是对前代家具的一个根本性的变革，表现出梁架结构的家具在北宋开始已经成熟，代表着中国古代家具形制的巨变。圆腿夹头榫刀牙结成为之后明式家具的主流形制之一。

北宋李公麟《维摩演教图》中的榻和脚踏（图 56）虽然造型沿袭古制，为箱体式结构，但线脚却有了很大的发展。线脚工艺十分丰富，家具边抹出现混面和冰盘沿的做法，是古代家具采用这种线脚工艺的较早画例。

榻为壸门式有束腰结构，脚踏为无束腰结构。榻面铺席，席子有华丽纹饰的锦帛包边。榻座边抹素混面上下起线，下设有很窄的束腰。圈口[2]为壸门式开光，正面分成四组，侧面分两组，

---

[1]　夹头榫：腿上端开槽，嵌夹牙板和牙头，从而加大腿上端与案面的接触面，增强了结点，使案面的承重均匀分布传递到四足上。夹头榫是宋代工匠从大木梁架得到的启发，是案形结体的主要造法。

[2]　圈口：四根牙条安装在长方形的框格内，形成完整的轴圈。

图56 （传）北宋 李公麟《维摩演教图》（局部）

图57 金 山西大同阎德源墓出土的罗汉床模型

沿边起线。托泥比榻面略大，平面做法，上下起线。在箱体式家具上尝试用束腰的做法，说明北宋在家具结构上比前代有了很大的突破。脚踏面攒框镶板。边抹素混面内缩，造出冰盘沿，是古代家具中冰盘沿线脚出现较早的一例，证明了冰盘沿线脚工艺至少在北宋已用于家具制作了。无束腰，圈口开光，正面分成两组，侧面一组，沿边起线，托泥比踏面略大，边抹平做，上下起线。这两件家具造型方正，工艺精美。通体皆有纹饰，似为漆饰工艺。

山西大同金代阎德源墓出土的罗汉床模型（图57）：边抹素混面上下起线，闷榫制作，边抹立面格角，采用燕尾榫明榫的做法。形制继承了五代插肩榫木榻的造型特点，榫卯工艺比五代有了很大的提高。它是边抹采用混面线脚工艺最早的实物案例。

高形家具中最具代表性的椅类，在宋代开始大发展。《东京梦华录》[1]一书中，就有金交椅、檀木椅子、竹椅子、朱髹金饰椅子的名称。

宋之前的高型坐具以墩类、凳类为主，基本都没有靠背。到了北宋，带倚靠功能的坐具开始盛行起来。这类舒适性较强的家具，逐渐成为人们生活中不可或缺的日用家具。还出现了椅背和扶手平直造型的靠背椅、两出头靠背椅、交椅等，这些家具是前代未有的制式。

《清明上河图》画中出现十几件各种造型的椅子和凳子，造型有罗锅式搭脑、背板攒框[2]的两出头靠背椅（图58）和弓形搭脑的交椅（图59）。其中的交椅的搭脑出头向后弯翘，背板为两根弓形横枨，坐面为藤编屉面。画中还有两张长凳，面攒边，面心疑似藤屉，侧面腿足间设有双枨，形制与明式家具中的春凳别无二样。

北宋时期的绘画作品《文会图》（图60），画面上出现三人围坐于案旁边，配有带脚踏的直搭脑出头靠背椅。椅子以竹子（或仿竹）制成，造型方正，用料纤细，侧面设双枨，安装位置很高，坐面下设有角牙。

[1] 《东京梦华录》：宋代孟元老的笔记体散记文，创作于宋钦宗靖康二年（1127）。

[2] 攒框：边框里口打槽，将板心四周的榫舌嵌装入槽。

图 58 北宋 张择端《清明上河图》中的两出头靠背椅

图 59 北宋 张择端《清明上河图》中的弓形搭脑交椅

图 60 北宋 佚名《文会图》（局部）

北宋张先《十咏图》中绘有四把靠背椅（图61），直搭脑出头。背板两边为竖材，打槽纳入板心。画中还有一张断牙式带单顺枨的小案，梁架案形结体，案上置有一件须弥座式围棋盘，箱体结构，束腰处多处开光，形制十分优美。

屏风作为常用的家具，在北宋得到普及。宋代的室内设计方式通常采用居室中堂设置屏风，在屏风前置一桌两椅，或置一椅、两个机凳，或几人对坐的形式。文人士大夫更喜好屏与榻的组合方式。攒框式的屏风成为室内装饰的重要界面，并将前代最具阶层地位象征意义的屏风作为日常家具使用了，如《韩熙载夜宴图》中的屏风（图62）。

（二）南宋家具的形制分析

在此时期，框架结构和梁架结构的家具开始大量出现，成为家具的主流形制，从而取代了隋唐时期及更早的板形箱体壸门式结构。家具结构趋于合理，高形家具的形制向成熟化、系列化快速发展，出现多种家具的组合方式，榫卯及线脚工艺日臻成熟。注重审美品位，并最终形成了高形家具的完整体系。

1.南宋时期，四面平框架结构的桌子和机凳在文人雅士的生活场景中频频出现，画例明显多于北宋。

图61 北宋 张先《十咏图》中的直搭脑出头靠背椅、断牙式带单顺枨小案、箱式棋盘

图 62　宋　摹五代顾闳中《韩熙载夜宴图》中的屏风　　　　图 63　南宋　李嵩《听阮图》中的四面平榻

　　南宋画家李嵩（1166—1243）的《听阮图》中出现一张四足支撑的四面平框架结构榻（图 63）：榻髹黑漆，榻面铺镶边席子。牙条造出大弧线壶门轮廓，改变了前朝多曲线壶门轮廓的造型。大壶门线条收放自如，弹性十足，极具美感。牙板与腿交角处透雕卷云纹，纹饰十分优美。足端内翻兜转，挖缺成云纹，四足落在托泥上。榻的造型优美，线条简约，艺术性极强。

　　李嵩是钱塘（今浙江杭州）人，说明这张榻属于南宋江南风格的家具。李嵩少年时曾为木工，后成为画院画家，对家具的造型的把握、细节的描绘自然会非常写实、精准。

　　宋马远《西园雅集图》中有框架结构黑漆四面平大画桌一张，杌凳两张（图 64）。画桌造型简约，面攒边镶板，面心板为土黄漆或藤编，边抹中间打凹（是最早出现边抹打凹的画例）。腿足内侧挖成曲尺形与素牙板连接形，足下部双双外凸，造出花叶足，花叶上卷，足端收小，落在托泥上。托泥带足，足外撇。杌凳形制与画桌相同，边抹平做不起线，面有方格子，疑似藤编屉面所制。南宋的许多绘画作品中出现较多藤编屉面的家具，说明藤编屉面家具在南宋已经十分流行了。

图64 南宋 马远《西园雅
集图》中的四面平大画桌、
机凳

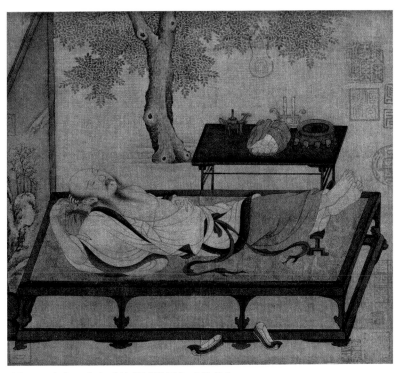

宋画《槐荫消夏图》中的榻（图65）：四面平结体，四角安足，长边中间加了两条足来支撑结构，长边分三组，两侧一组，形制上与之前的箱体式榻有较大的区别。榻面格角攒框，面心有花纹装饰，疑似藤编屉面。榻不设牙板，腿挖缺成曲尺形与边抹相交圈，做法带有壶门床榻的痕迹。腿足用料较为单细，足端造出仰俯花叶轮廓，落在托泥上，托泥带垂云足。榻后置一张黑漆带顺枨断牙式刀牙板平头案，梁架结构，独板厚面制成。边抹平切，牙头小巧，腿和枨用料十分纤细，两件家具均造型优美、古意盎然。画中的家具采用屏风、榻和平头案相组合的方式。

2. 南宋时束腰家具明显多于之前，标志着家具结构的合理性已经得到解决。

束腰家具主要解决了家具构件间受力的稳定性，束腰、牙板与腿之间的构件连成单元整体，这种分层的设计，使家具的结构更趋合理，从而避免了之前家具采用大料制作箱体构造的形式。

（传）宋人《十八学士图》画面中有榻、屏风、画桌、方桌、官帽椅、扶手椅（图66）。

图65 南宋 佚名《槐荫消夏图》（局部）

画桌为有束腰结构，最大的特点是阳线、洼线、委角线和栏水线等各种线脚的运用。面格角攒框镶大理石，边抹打洼上下起线。鼓腿彭牙，壶门式牙子[1]，两侧透雕卷云纹，沿边起线。腿有两块板材直角拼接而成，为板足式，直角处疑似委角做法，两侧中部和足下外凸云头纹，足端以方足结束，沿边起线。画桌造型厚重华丽，线脚丰富，装饰繁缛，器形优美，一改宋代家具简素的风格，属于宋代家具中比较独特的做法。

后面的坐榻为四面平箱体式结体，与前朝不同的是线脚工艺变得非常丰富。榻面格角攒框。边抹周身起线，立面方立柱间隔嵌装绦环板，立柱起线。箱体开光透雕如意云头，沿边起线。底座外撇，呈覆盆式，带云纹足。足端回卷，沿边起线。

前面的竹靠背椅与脚踏连成一体，足端外撇。背板三攒式开光。椅盘垛边做法，椅面下四面圈口制作成扁圆形。足间设上下双根管脚枨与脚踏连成一体。构件皆有细竹捆扎，造型方正平直，用料单细。这种造型方正平直的形制可视为明式玫瑰椅的前身。左侧有一张黑漆扶手椅，弓形搭脑，两侧出头，后腿三弯式，线条流畅，造型优美。

屏风后有一张糅朱漆有束腰方桌，面攒框装心板，沿线起栏水线。边抹平做，沿边起线。平地束腰，下设壶门牙板，腿肩彭出，腿肩上浮雕云纹。腿内侧挖缺做，有三处卷云外凸，足端收窄。桌子线脚工艺丰富，形制秾华优美。

屏风攒框镶画，石质抱鼓式座。

（传）宋刘松年《唐五学士图》中有高束腰画桌子两张，高束腰香几一张，坐墩二个，书柜一个（图 67）。

前面画桌疑似黑漆描金或嵌螺钿，大喷面，面攒框嵌装云石，边抹平面做法。拱肩高束腰，鼓腿彭牙。腿足与牙板内侧大弧度交圈，线条优美。桌下两侧设双横枨，前后有顺枨。宋式高束腰的桌子在结构的牢固上还需要通过加枨来增加桌子的稳定性，说明榫卯结构未臻成熟。足下突出部分下雕卷转花叶。桌子造型优雅，气韵极佳。

后面的桌子为素漆壶门式，大喷面。牙子与腿足大交圈相交，沿边起线。拱肩高束腰，鼓腿彭牙，器形极其优美。

桌子一侧还有一张朱漆镶石面高束腰香几。四腿直落，内翻马蹄，马蹄兜转上勾，是宋画中最早出现马蹄足的画例。牙板为断牙壶门式。四腿部间用双横枨固定，横枨之上有四面设有悬空弓形枨装饰。形制独特，气韵生动，造型更像魏晋时期的家具风格。

前面的坐墩为竹制，六处开光。右侧的坐墩为素漆，有束腰，牙板蜷曲包球。足端花叶上蜷，落在托泥上。右上角小书柜为盝顶式，横竖材相交处有金属件加固，中间有两扇小门，里面有两层格板。

---

[1] 牙子：牙条、牙头、角牙、挂牙等各种大小牙子的总称。

图 66 （传）宋 佚名《十八学士图》中的有束腰书桌

以上画例中的有束腰家具都具有完整的形制特征，其中桌型家具都突出腿足和牙子的装饰，讲究构件的装饰与家具整体风格的协调，审美品位极高。

3.南宋时期圆腿夹头榫素刀牙平头逐渐成为案形家具的主流形制。

南宋绍兴年间浙江於潜画家楼璹的《耕织图》（图68），作品得到了历代帝王的推崇和嘉许。图中出现大量梁架结构的圆腿夹头榫素刀牙平头案，案子尺寸有长有短，有高有低。画中还出现圆腿夹头榫结构的案形坐榻（图69）。其与之前案子的区别在于前后无顺枨，两腿间的侧面设单枨或双枨，与之后的明式家具造型完全一致，证明了在南宋初年江南家具的形制已经完全发展成熟。

画中有一具置于平头案上的四抹门小圆角柜。用料单细，小刀牙极具美感。柜顶部做成盝顶。柜门上半部攒成斜格子，柜体和明式柜子一样。在宋代绘画中有多处出现圆角柜带盝顶的做法，被后来出现的明式圆角柜改进为平顶带柜帽的形式。从视觉和制作工艺上来看，明式的柜子更加简约，做法也更加合理。

4.南宋时期竹制家具明显多于前朝，这应与宋室南迁后受江南文化影响有关。

宋画中出现大量竹制家具，如刘松年的《斗茶图》画中出现的竹制家具（图70），画中有四件茶棚架格，皆编制精细。右侧的一件券口为壶面式，下有小刀牙，牙形小巧优美。北宋苏汉臣《卖浆图》中的家具均为精制的竹家具（图71）。

竹器最早的实例有湖北云梦大坟头一号汉墓出土的竹笥，竹笥为框架与竹编结合的结构。明式木质家具完全仿照竹制做法，其中的劈料和裹腿凳等造法，明显受竹器家具的影响。

5.南宋时期的居室空间内、庭院中出现更多以桌椅和屏风配置为主的场景，屏风成为家具的

图67 （传）南宋 刘松年《唐五学士图》中的画桌、书橱、高几和藤墩

图 68　南宋　楼璹《耕织图》中的圆腿素刀牙夹头榫平头案、盝顶四抹门圆角柜

图 69　南宋　楼璹《耕织图》中的案形坐榻

图 70　南宋　刘松年《斗茶图》（局部）

图 71　北宋　苏汉臣《卖浆图》（局部）

重要组成。家具的髹漆、雕饰、镶嵌装饰、藤屉和线脚工艺的运用明显多于之前。家具注重细节的装饰和线条的表达，装饰丰富，形制优美，表现出一种低调的奢华，如宋刘松年《围炉博古图》中出现的精美家具和悠闲的生活场景（图 72）。

　　中国古代家具发展到了南宋，高形家具形制完全成熟，以框架结构和梁架结构为主要的结体形式，把之前的板形箱体结构发展成框架结构；板足式结构发展到案形梁架结构，家具构造已趋于完善，形制和品种基本完备。此时家具的设计手法和制作工艺已经非常丰富，从各式线脚和装饰纹样及家具中构件的合理运用均可看出，其既可以加固家具的结构，又巧妙地起装饰作用，从而丰富单一的方形空间，充分体现了宋代家具简约不简单、精致而不烦琐的造型特征。这种线性框架和梁架结构被明式家具继承与发展，并发挥到了极致。宋代家具审美上继承了前代家具的优

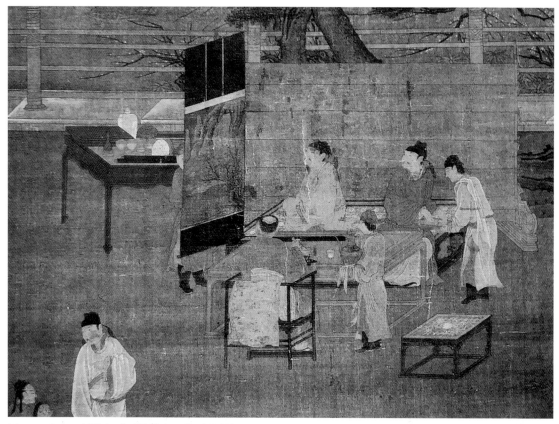

图 72　南宋　刘松年《围炉博古图》（局部）

点并有了极大的创新，其中一些家具所表现出的优雅气质和美感，甚至连后来的明式家具都无法超越。

（三）宋代出土家具结构实例与形制分析

我们在宋代绘画中所见的家具皆造型优美，构造精准，精致细巧，气质超凡，蕴含着一种清雅平淡之美。但目前所见的宋代出土的家具却大多造型简拙，榫卯结构未臻成熟，精制家具并不多见。

1921 年在河北巨鹿北宋遗址出土木案、木椅各一件。案面和椅子的背面皆有墨书"崇宁叁年（1104）叁月贰□外□造壹样卓子贰只"的款识，原件现藏南京博物院。

该木案案面长 88 厘米，宽 66.5 厘米，高 85 厘米（图 73）。大边与抹头以 45° 格角攒框，抹头采用透榫的做法。面心板三拼，三块板宽度不一，有残破。边框与面心板采用不完全格攒框做法。具体做法是两侧抹头内侧开槽口，面心板长边两端伸出榫舌纳入其中，大边内侧踩地做出

图 73　河北巨鹿出土北宋木
案（手绘图）

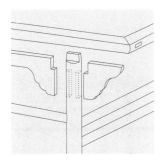

图 74　河北巨鹿出土宋案牙
板结构示意图

图 75　古建筑中的雀替

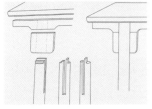

图 76　明式夹头榫结构
腿上端开槽，嵌夹通长牙条
与牙头示意图

"L"形，装心板搭于其上。明式家具则是采用攒边格角[1]，四边内侧开槽，面心板四边造出榫舌，纳入槽口的做法，榫卯结构非常科学。此案为边抹素混面，四足椭圆形，两侧横枨与前后的顺枨做成六角平面，起棱线，体现了线脚工艺在北宋家具上的实际运用情况。牙板似为断牙式，牙头造出三折曲线。从案子腿足上端的卯口和牙板的榫头可以看出，当时的家具的牙子并未完全采用夹头榫做法，而是在腿足上端两侧开槽口，槽口并不贯通，牙板榫舌上方挖缺一段，插入腿足槽口，足端上只作了单榫（图 74）。这种结构属于榫卯未成熟的表现，缺点是家具只要使用不当，牙板就比较容易脱落，家具的牢固性也不够。这种构造与古建筑中的牛腿[2]和雀替[3]与立柱的榫卯结合方式相同（图 75），是家具借鉴建筑大木作的手法体现。

　　明式家具的案子都采用夹头榫的造法，具体做法是：在腿足的上端中间开通槽，嵌夹两侧通长牙条和牙头，足上端出双榫与案面底部结合（图 76）。许多传世明式家具至今还结实牢固，充分说明明式家具榫卯结构的科学性。虽然宋式夹头榫案子从表面看上去与明式夹头榫的案子的造型一样，但内部的结构却完全不同。

　　目前已知宋时期出土的桌案实例还有以下几件。

　　甘肃武威西林场西夏 2 号墓出土的木案（图 77），长 54 厘米，宽 30 厘米，高 29 厘米，案形结体，褐漆，厚面，边抹素混面上下压线，圆腿，牙子为一木整挖，牙条窄长，牙头收圆，沿边起线，前后设双顺枨，两侧为单枨，器形饱满浑厚，线脚工艺成熟，打磨精细。

　　河北宣化下八里辽代木案（图 78），长 70.7 厘米，宽 59 厘米，高 61 厘米。圆腿夹头榫断牙式，牙头角位收圆，面格角攒边，边抹为两叠式，上部平做，下部斜切内缩，边抹处理较为生硬，两侧抹头明榫。圆腿直落，腿间四面设单枨，在同一水平面上结合，前后顺枨边圆，两侧为方材。造型是酒桌的基本形式。

　　南宋木案模型，江苏常州武进前乡南宋墓出土（图 79），长 27.5 厘米，宽 23 厘米，高 22 厘米。圆材制，素漆，梁架案形结体。桌

[1]　攒边格角：大边与边抹各自造出榫舌，斜切 45° 相互结合。

[2]　牛腿：梁托的别名，是梁下面的一块支撑物，它的作用是将梁支座的力分散传递给下面的承重物，造型似三角形，形如牛的大腿。

[3]　雀替：古建筑中的额坊与立柱的相交处的倒三角构件。

图 77　西夏　甘肃武威西林场西夏 2 号墓出土的木案

图 78　辽　河北宣化下八里出土的木案

图 79　南宋　江苏常州武进前乡南宋墓出土的木案模型

图 80　辽　北京房山区天开塔地宫出土的小案

图 81　北宋　江苏江阴瑞昌市孙四娘墓的木案

图 82　北宋　安徽铁拐宋墓出土的木案模型

面喷出，面为厚面两拼，边抹素混面，不设牙板，腿间前后安单顺枨，两侧安双枨，均以榫卯相接。

辽代北京房山区天开塔地宫出土的小案（图 80），长 55.5 厘米，宽 40.5 厘米，高 87 厘米。圆材制，面攒边镶板，腿间均设有双枨，上枨加双矮老与卡子花，矮老中设有宝瓶。矮老加卡子花式在之后的明清家具中较为常用。

此外还有江苏江阴北宋瑞昌市孙四娘墓四足内侧有木俑的木案（图 81），安徽北宋铁拐宋墓的木案模型（图 82），山西大同金代阎德源墓的三件榆木案子。这些实例工艺虽然比较简单，但榫卯结构逐渐开始成熟。从实例和画作中所见的宋式平头案子牙板下两腿之间前后大多有顺枨，做法借鉴了建筑大木作结构中的额枋，起加强结构的作用，缺点是难容两膝。平头案牙板做成断牙式造型也比较常见，案面抹头之下不安堵头 [1]。到了明代，平头案顺枨基本便被省略掉了，江南只有极少量的案子和一些北方家具还有保留顺枨的做法。

目前已知出土的宋时期木椅实例有以下几种。

---

[1] 堵头：案子抹头之下，与吊头结合的一块横板。

图83 河北巨鹿北宋墓出土的木椅

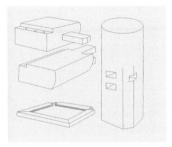

图84 河北巨鹿北宋墓出土的木椅坐面两格角做法：1.后面大边与侧边抹出榫与后腿卯接；2.前面大边与边抹采用45°格角，后面平接；3.后腿

图85 明代椅子坐面做法：1.边抹；2.前面45°格角，后面45°格角打圆洞腿贯穿；3.后腿

河北巨鹿北宋墓出土的木椅（图83），椅面宽59厘米，深54.6厘米，座高60厘米，通高115.8厘米。椅子为圆材所制，搭脑呈弓形。背板两边为圆竖材，打槽纳入板心，背板上小下大，有较明显的挖度，由于背板竖材弯曲变形，故不知原来的背板是直的还是向后弯曲的。椅面抹头和后大边平接，并分别伸出榫舌与后腿纳入其相对应的卯眼，尚未完全采用45°格角榫（图84）。抹头与前大边已用45°格角榫做法。坐面板心两拼，大小斜拼而成，面板在大边结合处不采用格角攒边[1]打槽装板的做法，而是将面心板与椅子前后做成斜槽口，板心下面斜切，椅子大边下面斜切，相互抵扣安装。故知北宋初期的榫卯尚处初步形成阶段。明式家具坐面四角都采用45°格角攒框的做法（图85），椅子的腿足在坐面的上部为圆材，下部为外圆内方，后腿是在坐面边框打洞贯穿，后腿与坐面的大边和抹头不发生榫卯关系，椅盘下的外圆内方造型承着坐面，榫卯结构趋于合理，结构更加牢固。

此椅盘边抹素混面。椅面下与前腿交接处装角牙。足间赶为步步高枨样式，前面踏脚枨为双枨，两侧与后面之枨安装位置很高。椅子的工艺较为简单。高度达60厘米，不加脚踏很难使用。坐面宽大且深，垂足坐时无法与直接倚靠背板，反映出跂坐时期的椅子尺寸特点。椅子整体比例适度，体现了这时期家具的形体构造。由于北宋早期木家具传世实物无存，出土遗物不多，此椅和同时出土的木桌，就成了研究北宋木家具十分珍贵的实物资料，对研究我国古代家具有重要的参考价值。

江苏江阴北宋瑞昌市孙四娘墓出土的靠背椅（图86、87），腿足装饰有木俑，椅子高度66.2厘米，椅面宽41.5厘米，深40.4厘米，座高33厘米，属于小尺寸靠背椅的形制。杉木材质，髹黑漆。坐面之上的构件皆倒棱。搭脑弯曲两端后弯，靠背中间有一根弯曲横枨。坐面攒框镶板，前为45°格角，后面出透榫纳入后腿。椅盘以下构件皆为方形。椅盘边抹平做。前面为壶门式牙条，两侧安角牙，角牙为委角做法。足间管脚枨赶枨为步步高样式，侧枨与后枨安装位置很

[1] 格角攒边：四角开圆空，椅子前后腿从这四个孔穿过。椅盘以上为圆材，椅盘以下为外圆内方，断面大于圆形的开孔，当椅盘落在上面时它能起支撑的作用。

图86 北宋　江苏江阴孙四娘墓出土的木椅

图87 北宋　江苏江阴孙四娘墓出土的木椅的搭脑

图88 宋画中的靠背椅

图89 宋　摹五代顾闳中《韩熙载夜宴图》（局部，椅子与踏床连成一体）

图90 明　灯挂椅

高。两根后腿内侧个个钉木俑一个。椅细节处理都已臻完备，虽意趣高古，但做工较为简单粗糙。这件出土的实例与宋画中的靠背椅形制几乎一致（图88）。靠背设一根横枨或两根横枨，牙板为断牙式的做法，在宋代的画例中较为常见，椅子与脚踏连成一体的做法也较为常见（图89），到了明代椅子才与脚踏完全分离（图90）。

北京金代墓出土的靠背椅（图91），高92厘米，坐面长46厘米，深42.5厘米。原材质为素木，搭脑出头平切，靠背中间有一横枨，坐面格角攒边装板，边抹起剑背棱线脚，下设角牙，牙形曲线流畅，踏脚枨圆材制，两侧及后枨安装位置较高，椅子造型高挑，做工较为精致。

北京辽代房山区天开塔地宫出土的四出头官帽椅（图92），高58.5厘米，坐面长43厘米，深26.5厘米。此椅尺寸较小，坐面深度很浅，素木方材制，所有角位皆倒去棱角。搭脑与扶手均出头向后弯，鹅脖腿后安装，不设联帮棍。靠背由两根弯弧的横枨加竖矮老制成，中间镶圆形卡子花，前腿上安双枨加矮老，侧枨与后枨根弯曲成弧形，分别入榫与后腿相接，坐面呈半圆形，厚板制成，边抹素混面。形制较为俚俗。

河北宣化下八里出土的辽代靠背椅（图93），高78厘米，坐面

图91 金　北京出土的靠背椅

图 92 辽 北京房山区天开塔地宫出土的四出头官帽椅

图 93 辽 河北宣化下八里出土的靠背椅

图 94 南宋 江苏常州武进村前乡宋墓出土的靠背椅

图 95 南宋 浙江宁波东钱湖史诏墓的石椅

高 32.5 厘米，坐面长 42 厘米，深 35.5 厘米。方材制，坐面边框十字交叉，前面及两侧明榫出头，拱形搭脑，正面牙板做成绦环板式，透雕三朵孔形，上部外贴牙镂出壸门弧线。背板设罗锅形悬枨。造型比较呆板笨拙。

江苏常州武进村前乡宋墓出土南宋靠背椅明器模型（图 94），高 34 厘米，方材制，搭脑出头，两侧挑出较多，背板略向内弯拱，坐面厚面制成，前腿透榫与面结合，管脚枨为步步高式，两侧横枨及后枨安装位置较高。造型较为秀气，但工艺较为简单。

浙江宁波东钱湖史诏墓的仿木构的南宋石椅，椅前有脚踏（图 95）。椅子采用当地梅园的石头整雕而成，为了整体的坚固，用悬挂披椅的形式造出椅子实体，掩盖了椅子中间构件的空档部分，椅子的两侧外露部分则如实雕出。搭脑两侧皆残留清晰的圆形断痕，说明石椅原来的两侧是往外挑出的，是两出头靠背椅的形制。边抹与后腿的格肩[1]结合，可以看出椅子还是采用两格角的做法。椅子横竖材看面起"剑背棱"[2]线脚，椅盘以下的前腿后两侧起"剑背棱"，内侧平做，呈六角形。明式家具中出现的"剑背棱"做法可追溯于此。椅盘下有整挖的素刀牙，牙头较短，弧线流畅，造型优美。侧枨安装位置很高，是宋式椅子的形制特点之一。椅高 110 厘米，座高 52 厘米，坐面宽 54 厘米，尺寸与明式灯挂椅基本相同。椅子造型端庄，气质文雅。

杭州出土了南宋矮桌残件中的一条腿足实例（图 96），其造型优美，工艺精湛，堪称宋代出土家具中最优秀的一例，表明了宋代家具的制作工艺达到了一个极高的水平，宋画中最优美的家具形制与之完全一致。

1966 年浙江瑞安仙岩慧光塔塔基出土了北宋庆历二年（1042）制的经函、舍利函[3]，采用堆漆描金、彩绘描金工艺。这些器物制作精美，奢华庄严，工艺精彩绝伦。其中的一套堆漆描金檀木经函（制作于 1042 年），长 33.8 厘米，高 11.5 厘米，宽 11 厘米。所有角位皆用沥粉堆刻出缠枝图案，顶部双凤三团，以忍冬为底纹。盝顶斜坡四

[1] 格肩：将横材或竖材切成三角形或梯形的肩。

[2] 剑背棱：中间起棱，两旁呈斜波，形成向宝剑一样的造型。

[3] 浙江博物馆：《浙江瑞安北宋慧光塔出土文物》，《文物》1973 年第 1 期。

周堆刻鸟纹八团，立墙堆刻人物，菊花形地纹。下部须弥座堆刻神兽，地纹为网状，工艺精湛。此经函和金字金卷都为永嘉县的严士元所有。内函、外函共有三只，现仅存一只，两件一套。外函中放置内函，内函中有一部陀罗尼经，属于佛教礼仪用途（图97、98）。

另一件檀木堆漆描金盝顶舍利函，下部做成须弥座式。造型优美，装饰华丽，工艺娴熟，制作的精美程度远超任何一件明代的箱类器物（图99）。盝顶箱从唐代开始出现，在陕西扶风法门寺庙出土了一件八重银箱，在苏州瑞光寺塔发现了一件螺钿经箱，盝顶箱形制一直被沿用到宋元明清。

南宋常州武进出土的朱漆戗金菱花形花卉奁（图100、101），共四叠，每一叠镶嵌银扣。盖面图案为庭院仕女，四周立壁上有六幅折枝花卉，分别对应各个季节的不同花卉，有荷花、梅花、木芙蓉、茶花等。空隙处有若干花枝，工艺精绝。

温州北宋慧光塔塔基出土的檀木朱漆描金舍利函、经函和常州南宋墓出土的戗金菱花形朱漆奁，制作工艺分别被誉为天下描金漆器第一和戗金漆器第一，这几件器物都是北宋温州工匠的杰作。从这些出土箱盒的优美造型和精湛的制作工艺来看，它完全有可能推动同时期家具制作水平的提高，或者说同时期家具的制作水平与之相当，这些器物对宋代家具的研究具有非常重要的参考价值。

由于宋代出土家具品种单一，数量极少，传世家具更是凤毛麟角，对宋代家具的研究更多的是从图像资料上获取信息。在我们所见反映宋代家具的图像中，以《韩熙载夜宴图》《十八学士图》《唐五学士图》《围炉博古图》等中的家具和文玩最具有代表性。画中所描绘的画桌、平头案、食桌、椅具、坐具、床榻、柜子、屏风等家具，种类完备，形制成熟，呈现出构造精准、造型雅致的特点，讲究线条的美观，且具有格调素雅、色彩沉穆的同一风格。《韩熙载夜宴图》画中的家具风格更接近宋代，家具造型与结构的典型特点已蔚然可见。这种造型被后来的明式家具传承与发展。

（四）文人对宋代家具发展的推动和影响

宋代是一个尚文的时代，也是中国最雅致、最闲适的时期。"士大夫不以言获罪"，在这种宽松的政治环境下，文人可以自由抒发情感，而文人是影响人们审美与推动工艺美术发展的重要力量。宋代文

图96　南宋　杭州出土的大漆腿足

图97　北宋　1966年浙江瑞安仙岩慧光塔出土的堆漆描金檀木盝顶经函

图98　北宋　1966年浙江瑞安仙岩慧光塔出土的檀木描金盝顶函内函

图99　北宋　1966年浙江瑞安仙岩慧光塔出土的檀木描金盝顶函内函

图100　南宋　江苏武进村前乡南宋5号墓出土的戗金菱花形盒

图101　南宋　江苏武进村前乡南宋5号墓出土的戗金莲花形盒顶部

人的审美表现在家具上已与唐代的富丽奢华之风不同，沉穆典雅、平淡含蓄成为主要的艺术格调。这与北宋以后"不在世间，而在心境"的时代精神相通。对宋代文人的审美的描述，正如苏轼所言"大凡为文，当使气象峥嵘，五彩绚烂，渐老成熟，乃造平淡"[1]。宋代在美学上追求单纯，"大道至简"是文人士大夫大力倡导的审美思想。宋代的极简美学被认为是中国古典美学的巅峰。这一时期，程朱理学兴起，成为一种新儒学，发展到后期，其将"理"视为自然万物的根本法则。宋人哲学理念反映在家具上，即"道法自然"，使家具的风格趋于平淡、雅正。

宋代家具所体现出的高雅审美情趣和艺术风格，是与宋代文人和士大夫的审美及崇尚的清雅、闲适生活相关联的。宋代文人的审美体现在家具上，以沉静典雅、平淡含蓄为主要格调，即便是宋朝皇室的家具，也表现出素雅之感。而寻常百姓也把实用放在首位，其家具造型显得简约素朴，如宋代画家张择端的《清明上河图》中所描绘的市肆场景中陈放的各式各样家具。此时宫廷与世俗的审美主动向文人靠拢，文人追求雅文化，成为社会潮流风尚。宋词也在坊间大为流传，宋词所表达的文人趣味和文化生活，得到了上至宫廷下至市井阶层的推崇，反映到家居生活中，就是在文人审美影响下具有平淡含蓄为主要格调的家具日渐盛行。后代文人也有类似的遗册，如李渔《闲情偶寄》中提到"土木之事，最忌奢靡，匪特庶民之家，当崇俭朴，即王公大人，亦当以此为尚。盖居室之制，贵精不贵丽，贵新奇大雅，不贵纤巧烂漫"[2]。这种崇尚素朴的观念，与宋代崇尚的简素之风相若。

宋代是文人家具的开端，以宋徽宗为代表的文人皇帝，将文化艺术推到了顶峰。他不但把绘画、书法、瓷器的艺术水准推上了后世无法企及的高度，家具也是如此。

宋徽宗的《听琴图》（图102）画中的一桌一几，骨架清秀、卓然而立。琴桌和香几皆为无束腰结构。琴桌为素漆，本色原味，造型纤细。桌面攒框，镶装石头面心，边抹平做。桌面与横枨间嵌装雕花绦环板。下设四面小牙子，牙头下部兜装，形如半个云头。两侧安双

[1]　苏轼（1037—1101）：北宋著名文学家、书法家、画家。

[2]　李渔：《闲情偶寄》，上海古籍出版社，2018年，第228—230页。

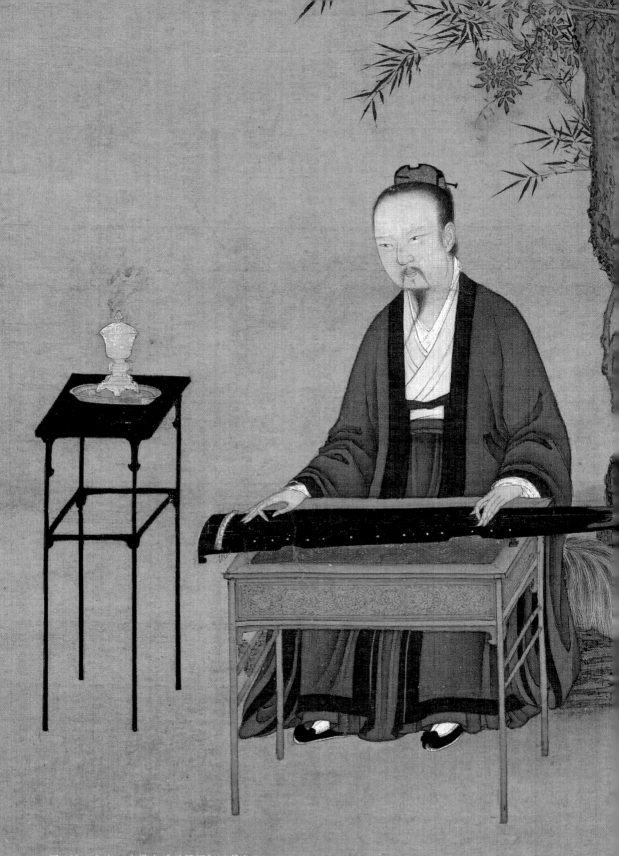

图 102　北宋　宋徽宗《听琴图》（局部）

图103 宋 佚名《瑞应图》
（局部）

横枨，腿足单细。

香几通体黑色，可能是一件大漆家具。几面稍喷出，边抹平做。腿足细直，几面下安长角牙，下部突出兜转，中间用直枨连接，下安小刀牙。类似这种造型的香几在宋画《瑞应图》也出现一例（图103）。这些家具表现出宋代家具典雅、平淡、含蓄的特征，精美的线条准确描绘了文人家具的优雅气质。《听琴图》中的家具风格与宋徽宗赵佶的书法瘦金体清劲疏朗的风格十分相似。家具的形制完全是意象化、理想化的设计表达。所谓"形而上谓之道，形而下为之器"，正是这些形而上的观念最终在审美上铸就了宋代家具独特的艺术品位，并对明式家具的造型和审美产生了深远的影响，也为之后明式家具的辉煌奠定了基础。

（五）小结

宋代是中国古代家具的大发展重要时期，具有承上启下、继往开来的历史地位，是一种在当时哲学思想与审美思潮影响下，在社会生活中产生的艺术形式。宋代家具在确立高形家具体系的同时，自成体系，所创建的极简家具风格，是明式家具发展与演进的根本依据。宋代家具风格独特而统一，形制平素而优雅，即便是明式家具优越无比，也不能掩盖宋代家具的优美品质。

明式家具与宋代家具在形式语言与审美观念上是一致的，对家具的审美诉求都表现得积极主动。宋代家具偏重对家具本体的理解，追求自然、率真，具有中国古代家具初始的鲜活，是一种超然物外的精神表现。而明式家具注重细致与成熟的表达，显得写实、圆熟和完整。

从对大量宋画与实例的探索中，我们可以得出这一个结论：宋代家具完成了高形家具的类型化，虽然结构处于成熟与完善的时期，但初始原创的家具显得自然平素、风格清雅、韵味十足，其中一些家具形制具有明式家具都无法超越的美感，更具有独特的审美趣味与文化气息。遗憾的是我们几乎没有在现实中发现更多精美的宋代家具的传世实例，它不像明式家具的品种能成系统、成规模地保存下来。但我们可以从宋画中找到大部分明式家具的形制。对宋代家具的研究，我们或许只能停留在对绘画作品与史料进行解读和分析上，无法从实例中进行深入的研究，这不能不说是一件非常遗憾的事情。

八　元代家具

元代持续时间较短，前后不过90多年，属于中国历史上第一个大一统的少数民族王朝，是蒙古统治的游牧民族文化与中原汉文化碰撞、融合的时期。统治阶级采用汉制政策，在政治、经济上沿袭宋、辽、金各代的体制，文化上也秉承宋制。游牧民族在生活上自由豪放，文化上以繁复华丽的审美为尚好，从某种程度上打破了宋代建立的理性审美，对家具产生了较大的影响，家具的形制发生了一些改变和创新。元代家具在沿袭了宋代家具的风格的前提下，有新的发展，结构也更趋合理。人们习惯上把宋代家具与元代家具的风格，统称为"宋元风格"。

元代在中国美术史上具有很高的地位，它把水墨丹青画意、书法及以瓷器工艺为代表的"元青花"推到了出神入化的高度。在家具上，许多之前没有的制式开始出现，如面不探出的方桌（图104）、抽屉桌、霸王枨[1]桌子，展腿式、三弯腿（图105）等新的家具品种。

元代绘画《竹林燕居图》中出现的霸王枨长方桌（图106），四面平霸王枨内翻马蹄腿造型。霸王枨是元代霸王枨家具结构进步的表现，是桌形结构家具非常合适的受力构件。它使桌子的受力点被分散卸至腿足上，形成了扎实稳固的框架结构，为三弯式造型，集力学与美学于一身，其曲线与桌子的直线交合，霸王枨丰富了家具方形空间形态，充分体现了古代家具的设计美感，以科学的结构和优美的造型深受人们的喜爱。之后的明式家具中出现了大量霸王枨结构的家具，除了方桌、条桌之外，其结构还在凳上使用（图107）。

此时出现带抽屉的桌和闷户柜，如元龚开《钟进士移居图》画中的抽屉桌（图108），方材制，直足落地，桌面稍喷出，攒框装心板，下设抽屉两具，上按有带拉手的方铜面页，抽屉下多条直枨隔板，隔板下设有顶边罗锅枨，这张抽屉桌的形制已经非常成熟。

带屉桌是元代出现的一种家具创新形式，造型特点是在桌面下缩安抽屉，山西文水北峪口的元代古墓壁画中绘有一张两抽桌，三弯

图104　元　大同冯道真墓壁画中的高束腰桌子

图105　元　张士诚母曹氏墓出土的带屉三弯腿供桌

图106　元　佚名《竹林燕居图》（局部）

---

[1] 霸王枨：上托穿带，用铁钉固定或入槽做法，下端出榫舌与腿足内侧直角处结合，"霸王"寓意举臂擎天，十分形象。

图107　明　榉木霸王枨二人凳

图108　元　龚开《钟进士移居图》（局部）

图109　元　山西文水县北峪口元墓墓壁画中带抽屉的桌子（手绘图）

图110　元　晋作闷户柜

腿，造型奇特，桌面下设抽屉的造型（图109）[1]。抽屉桌被之后的明、清家具所沿用，并大量用于家具制作。此时闷户柜在中原地区逐渐推广（图110）。元代桌子上的明抽屉、案子中的暗抽屉等新的构件不断出现，使中国古典家具的品种进一步丰富。

元代把漆雕工艺也推向了历史新高度，如甘肃漳县汪家坟元墓[2]出土的双龙牡丹纹剔红圆腿素刀牙夹头榫小平头案。案面剔刻"双龙串花"图案，以茂盛繁密的牡丹花叶做底，上压两条左右相向嬉戏的飞龙。圆腿足及横枨上剔刻缠枝牡丹。剔红是雕漆的一种，唐代开始盛行，是唐代创新的工艺技法，做法是先在木胎上平涂薄漆数十道，再剔刻漆层上图案，制作工艺极为复杂烦琐，元代晚期为其鼎盛时期。这件剔红木案体现了元代高超的雕漆技艺，形制优美，是元代家具珍品。形制上承宋式，与明代早期的家具并无二致，现藏漳县博物馆（图111、112）。

此剔红小平头案尺寸为：长70.2厘米，宽35厘米，残高58厘米，是一件香案的比例造型的家具。从案面上龙纹的图案与腿部的缠枝牡丹纹的装饰特点来看，更像南宋风格。案子为圆腿素刀牙夹头榫结构。案面格角攒框装心板，沿边起栏水线。边抹造出冰盘沿，素混面至底部压平线。素牙子起阳线，起线皆采用扁线工艺，牙头短促，

[1]　山西文物管理委员会、山西考古研究所：《山西文水北峪口的一座古墓》，《考古》1961年第3期。

[2]　汪家坟元墓：指汪世显家族墓，始建于1243年，止于1616年。

两边吊头收圆，案面两侧边抹之下不安堵头。两侧腿足之间横枨安装的位置较低。

此案是现存最早的圆腿素刀牙夹头榫平头案的实例，比例匀称，造型优美，工艺精湛，各种线脚的熟练运用，说明元代家具线脚工艺已经十分成熟，其造型特征可为之后的明式刀牙案子提供断代的依据。

元末张士诚母曹氏墓中出土的银制镜架[1]，造型仿交椅形式，采用浮雕、圆雕、透雕手法，雕刻工艺繁复，纹饰非常丰富华丽（图113）。镜架的搭脑两侧及所有出头部分的云头均圆雕纹饰，这种纹饰被之后的明代衣架、巾架、帖架所继承沿用。从这以上的两件制作精美的家具可以看出，元代家具在制作工艺、结构与造型上已达到了非常高的水准。张士诚居于吴中，这件家具的出土为我们提供了元末苏州地区家具制作的实例。这个镜架与北宋画家王诜《绣栊晓镜图》画中的镜架器形类似，只是装饰风格不同，说明古代家具间都存在着传承与发展的关系。

元代家具形式以豪放、雄浑为主要特征，各种榫卯结构比宋代家具丰富成熟，家具上出现更多的曲线、委角线的运用，云头卷珠图案盛行。元代家具的尺度较大，形体厚重，雕饰繁复。家具给人以奔放、生动、富足之感，整体造型浑圆，多运用曲线。元代家具的发展脉络介于宋代和明代之间，关联性不很明显，但一些新的器形的出现、各种线脚的熟练运用及榫卯结构的完善，对明式家具的造型与制作工艺产生了深远的影响，也为明式家具的进一步发展奠定了基础。

九 明式家具

明式家具有广义与狭义之分。广义包括明代制作的家具，也包括清代一直延续到当今仍在制作的具有明式风格的家具。狭义则指明代至清代前期所制具有明式风格的家具，本书所指的是狭义的明式家具。

明式家具源于宋，而盛于明，是在宋代家具的梁架结构的基础上

图111 元 双龙牡丹纹剔红漆案

图112 元 双龙牡丹纹剔红漆案牙头、腿足、侧枨

图113 元 张士诚母曹氏墓出土的银制镜架

---

[1] 苏州市文物保管委员会、苏州博物馆：《苏州吴王张士诚母氏墓清理简报》，《考古》1972年第5期。

图 114　北宋　苏汉臣《秋庭戏婴图》中的绣墩

继续传承和发展而来的。明式家具完善了日常生活中所有家具的类型，造型别具一格，其设计理念、造型特点、工艺水平及各种优质木材的使用共同塑造了独特的品格特征，王世襄先生把优秀的明式家具审美特点做了十六品的总结："简练、淳朴、厚拙、凝重、雄伟、圆浑、沉穆、秾华、文绮、妍秀、劲挺、柔婉、空灵、玲珑、典雅、清新。"[1]

（一）明式家具的材质

明式家具使用的木材种类非常丰富，家具充分体现出木材天然的纹理与肌理质感，优质的细木运用是宋代及以前的家具所不及的。宋代家具以本土的软木为家具的主材，最高级别的家具是漆木家具。约在 7000 年前的浙江河姆渡遗址已出土有漆碗。商代的漆器已经非常精美，漆艺的

---

[1]　王世襄：《明式家具研究》，生活·读书·新知三联书店，2013 年，第 364 页。

进一步发展是在战国，汉代是漆艺的黄金时期。漆器分布地域很广，全国各地都出土有大量的漆器。如长沙的马王堆，出土的数量很大，种类繁多，保存完美如新。在这些漆器中，家具占有较大的数量，传统漆艺一直延续传承到明清。

髹漆工艺极为烦琐复杂，有"一漆杯花百工，一漆屏风需万人之功"之说，漆器历来是宫廷和富贵人家的奢侈之物，并存有较多的画作和实例。北宋苏汉臣创作的一幅绢本卷轴设色画《秋庭戏婴图》，以细腻的笔法描绘两个锦衣孩童在庭院玩游戏（图114）。画中的黑漆绣墩工艺非常精致，墩为六面开光，开光成椭圆形，带如意纹足，墩面为藤编。其造型圆浑，率真灵动，线条流畅。绣墩采用髹漆嵌螺钿工艺，通体都施加了螺钿嵌缠枝花卉纹，质感华丽精美。

图 115　榉木纹理

明式家具有别于前代家具的最大特点是各种优质木材的使用，明式家具摈弃了之前重彩、重漆的髹漆手法，除了漆木家具之外，家具非常注重材质的使用。特别是明中晚期大量出现的细木家具，纹理优美，木纹彰显，如榉木坚硬的质感和天然的宝塔纹理（图115），柏木和楠木的温润色泽和细腻纹理（图116、117），黄花梨木的瑰丽和行云流水般的自然纹理（图118），紫檀木的坚硬沉稳质感和优美的牛毛纹（图119）。家具充分体现出各种木材的自然色泽和天然纹理，成为明式家具最重要的特征之一。

图 116　柏木纹理

明式家具的主要用材分硬木与软木两大类。硬木包括黄花梨、紫檀、乌木、鹓鶒木（鸡翅木）、铁梨木、红木等材质；软木包括江南地区的榉木、楠木、柏木、黄杨木和苏北的榨榛木等木材，北方地区有榆木、槐木、核桃木、柞木（高丽木）等木材。从明嘉靖、万历开始广泛使用多种硬木，极大地提高了明式家具的品质，使明式家具散发出更强的魅力。工匠们非常注重对这些名贵木材的色泽和天然纹理的运用，这些硬木家具制成后大多采用素漆和腊饰工艺，使黄花梨家具呈现出琥珀般晶莹剔透的质感，紫檀家具呈现出犹如绸缎般的光泽。

图 117　楠木纹理

关于硬木材料，目前普遍认为是嘉靖之后才用于家具的制作，笔者则认为硬木制作家具的时间至少可以追溯到永乐时期乃至更早。

唐代就有硬木家具的制作，硬木制品以紫檀为主，现有实例藏于日本奈良东大寺正仓院。唐代的紫檀制品是采用紫檀贴皮工艺制成

图 118　黄花梨纹理

图 119　紫檀木牛毛纹理

的，而非我们今天所见的明式家具中的紫檀实木。

宋、元的硬木家具在文献有过记载，南宋《西湖老人繁胜录》中"诸行市"条记载，有"金卓凳行"，并有"罗木桶杖，诸般藤作……乌木、花梨动使……"[1]乌木、花梨同属硬木，动使指的是可以搬动的器物，主要指的是家具类。

元代《南村辍耕录》卷二十一"宫阙制度"记载："紫檀殿在大明寝殿西，制度如文思，皆以紫檀香木为之……"[2]在宋代和元代的工笔画中是否就绘有硬木家具呢？这或许是一种思路，但中国绘画不像西方油画那样能把器物的材质非常写实地表现出来。

明永乐、宣德时期郑和七下西洋（1405—1433）带来了大量的黄花梨等硬木，这些硬木一般会用于家具的制作。明早期的史料对硬木家具有过详细的描述，曹昭在洪武二十一年（1388）著《格古要论》，此书是鉴赏古琴、书画、碑帖、陶瓷、漆器等古代文物的重要工具书，开创了古物鉴赏的先河。明宣德二年（1427）进士王佐，对此书做了大量的增补，即《新增格古要论》[3]，对瀱鹅木、紫檀、骰柏楠、花梨木、铁梨木的产地和木材的特点做了详细的描述，除了以上这些木材之外，还提及了乌木、樱木、杉木、香楠木等材质。瀱鹅木、紫檀、花梨木、铁梨木和乌木属于硬木，说明至少在明宣德年间就存在用硬木制作家具的情况了。只是目前尚未从墓葬中发现硬木家具，传世的明早期家具中也没有发现带纪年款硬木家具的实例。

（二）明式家具的构造

明式家具讲究线条的美感，以曲线与直线连贯与穿插勾勒出形体空间，各部构件提炼简单明确，既合乎力学原理，又讲究实用美观。明式家具构造的最大特点就是无束腰和有束腰两大结构。无束腰是从古代建筑中的大木梁结构发展而来的，出现的家具形制是圆材直足，四足有侧脚，无马蹄形式；有束腰是从汉唐建筑台座和箱体壸门形制的家具演变而来的，壸门造型由几组演进到一组，再由一组壸门演化到四角有腿足的形制，有束腰家具的特点是四足用方材，无侧脚，四足大多垂直，有内翻或外兜马蹄足的形式。这种造法为明清时期工匠所严格遵循的制作法则，很少有例外，是明式家具造型约定俗成的一种规律。

明式家具和宋代家具一样受到中国传统建筑的木架结构和其他艺术形式的影响，很少用块材制作。明代的工匠们对木材木性的了解和使用有着丰富的经验，在家具的各部分构件之间采用木材断面部位以榫卯结构相接（图120），榫卯工艺达到80种以上，榫卯构造技术在家具中发挥得淋漓尽致。他们运用线条和线脚工艺的多种变化和对构件的精巧组合进行设计，所制的家具构造精准，给人以充分的视觉享受。

明式家具非常追求直线与曲线的对比。如平头案中的牙子（图121），在整体方形的空间体

[1] 《西湖老人繁胜录》"诸行市"：辑入孟元老等著《东京梦华录》（外四种），古籍出版社，1957年。
[2] 《南村辍耕录》卷二十一"宫阙制度"：辑入《元明史料笔记丛书》，中华书局，2008年。
[3] 曹昭著，王佐增编：《新增格古要论》，据《惜阴轩丛书》。

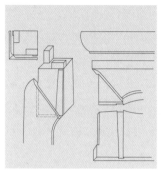

图 120　有束腰家具抱肩榫的
榫卯结构示意图

图 121　平头案之牙子

图 122　椅子坐面下的空间

图 123　万子纹

图 124　霸王枨

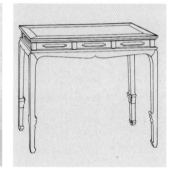

图 125　高束腰加矮老装绦环
板壶门式条桌

块中附加了带曲线的牙子，在曲线与直线对比中，丰富了空灵的体块空间，体现了明式家具的简约而不简单的设计理念。

椅子坐面下的空间部分（图 122），用券口牙子或枨子来连接，起加固与装饰作用，使方形空间有了变化，也丰富了玩味空间。这种设计理念与中国传统书画理论中的"疏可走马，密不透风"的美学观点一脉相承，使明式家具在实用的同时又被赋予了审美的内涵。

在一些架格中可以看到一些连续图案的构件，或对一个完整的图案拆分重组，构成了虚实相间的空间隔断（图 123），这些图案有抽象的，也有具象的。

桌面下安装束腰和牙板，牙板下用霸王枨、罗锅枨或直枨对腿足间的空间进行分割，以曲直丰富了单一的方形空间（图 124）。一些高束腰的桌子上设镂空的绦环板（图 125）。这些形象借鉴传统园林透窗造景方式，一步一景，透过格扇、花窗使景色得以延伸，从而达到天人合一的意境，观者心境也因与自然的融合而得到了释放，这其中蕴含着古人超然物外的精神寄托。

（三）明早中期家具的形制分析（洪武—宣德）

明式家具的发展经历从明早期至清早期约 200 多年时间，家具的造型风格也在发生变化。从中国古代家具发展演变的进程来看，大致上在 100 年左右会有一个明显的风格变化。

图 126 明 朱檀墓出土的朱漆五花石面夹头榫顶牙罗锅枨酒桌

图 127 明 朱檀墓出土的朱漆五花石面夹头榫顶牙罗锅枨酒桌榫头外凸细图

图 128 明 紫檀扇面形官帽椅（腿足管脚枨凸榫做法）

明早中期的家具崇尚古制，造型浑厚饱满，构架壮硕，曲直间用大线条来体现形制的奔放，保留了宋元家具风格与特点。其时用方材较多，较多曲线运用，阳线与洼角线等线脚工艺被一并使用。一些案子还保留了前后顺枨，案面喷面很大。牙板造型为壶门式为多，牙头以花牙造型较为常见，牙板用料很厚。腿足和牙板相交处采用平接，插肩榫形制较为常见。讲究形体的个性化，所制家具极具张力，体现出雕塑般的气质，遒劲有力。此时期是漆木家具与细木家具并存的时期。

从留存的家具来看，明早中期家具传世甚少，只有明中晚期到清代的家具被大量地保留下来，明早中期家具史料也鲜有记载。目前已知的明早期家具实例只有鲁荒王朱檀墓出土的家具，鲁荒王朱檀卒于明洪武二十二年（1389）。在他的墓中发现了大量木质家具，墓中既有日常生活的实用器，也有明器[1]。

实用器有朱漆五花石面夹头榫顶牙罗锅枨酒桌、朱漆高翘头弯腿带托泥供案、素木夹头榫直枨酒桌、朱漆戗金云龙纹盝顶箱共四具。这些家具皆形制优美，气息高古。

朱漆五花石面夹头榫顶牙罗锅枨酒桌（图126），长109厘米，宽71.5厘米，高94厘米。案为方腿夹头榫结构。案面格角攒边装心板，沿边起栏水线，短吊头。边抹造出冰盘沿。方腿打洼，四面起委角线，侧枨方材，起委脚线。罗锅枨起势较短，顺势造出叶牙翻卷，往上转折，在委角处上弓平出，中间一段紧贴牙条，中央刻出凹线，工艺独特，为该做法目前所见唯一实物。牙条两侧镂雕卷叶，牙头透雕卷叶纹，腿外侧牙头角牙造型，雕卷叶纹。整体多曲线运用，线脚处理及制作工艺娴熟，装饰华美。风格有宋元代家具遗风。此桌在榫卯上有一个特殊的做法，就是所有榫头皆外凸，透榫外凸做法在明式家具中比较少见（图127），在明中晚期的一些家具中局部也出现榫头外凸的个例，如图128中的明紫檀扇面形官帽椅，腿足管脚枨凸榫做法。凸榫是由中国古代建筑发展而来的，后来发展至明榫，再到闷榫。

朱漆高翘头弯腿带托泥供案（图129），长109厘米，宽68厘米，

---

[1] 山东省博物馆：《发掘朱檀墓纪实》，《文物》1972年第5期。

高89.5厘米。案面攒边装板，两端有高大的翘头，翘头斜出，形如鸟啄。吊头下有角牙，透雕云纹。足上截是直的，下为三弯形，足端内侧出尖角底部收圆后向外兜转，形如云勾，落在托泥上。束腰退后安装，开光成海棠形，下有顺枨，顺枨起瓜棱线脚与腿格肩相交。枨下安牙条，剜出壸门弧线。两侧腿肩处安方横枨两根，用以连接前后腿。此供案造型比较粗笨，但其中的海棠开光和壸门牙板线条却十分流畅精美。拱案形制由来已久，遵义皇坟嘴坟宋墓有一张浮雕拱案，形制与之基本一致。

图129　明　朱檀墓出土的朱漆高翘头弯腿带托泥供案

素木夹头榫直枨酒桌（图130），圆腿夹头榫结体。面格角攒边装心板，沿边起栏水线。边抹素混面造出冰盘沿，面板用料较厚。前后有榫枨，两侧设双横枨。牙子一木整挖，牙头形如云勾状。榫头皆外凸。造型简素，质朴无文。明中晚期大量出现的酒桌形制与之基本一致，区别在于明中晚期的酒桌前后不设顺枨，榫卯用闷榫或明榫，而不是凸榫。

图130　明　朱檀墓出土的素木夹头榫直枨酒桌

朱漆戗金云龙纹盝顶箱（图131），长58.5厘米，宽58.5厘米，高61.5厘米。此箱尺寸硕大，金属饰件用铁錽金制成。侧面下部有抽屉。出土时箱内有冕、袍、靴子等物品，故此盝顶箱是一件衣箱。此箱形制优美，制作工艺精细，明中晚期出现的黄花梨、紫檀官皮箱造型与之别无二致。

明器有高束腰带托泥香几两张、带帷幄木架五屏风式三弯腿罗汉床、交椅、盆架、衣架、箱子、夹头榫平头案及条凳等。明器都是忠实仿效日常生活中的实用器来制作的，非常写实。

图131　明　朱檀墓出土的朱漆戗金云龙纹盝顶箱图

高束腰带托泥香几（图132），厚面，腿足上部在面上出明榫，面喷出较大，边抹造出三叠式冰盘沿，缩进较多，呈叠涩式。腿上截露明，与束腰和牙板平接，牙板为壸门式，与牙板交圈，腿端内侧为花叶形，托泥平接出明榫。此香几形制高古，造型优美，唯做工较为粗糙。其形制、工艺特点及制作手法可为之后的家具提供断代依据。

带帷幄木架五屏风式三弯腿罗汉床（图133），围子平接成品字格，上部皆委角做法，后背镶板。床座厚板面，上有织物铺盖。边抹造出冰盘沿，素混面。无束腰，三弯足。牙板和踏脚为外贴牙做法，铽挖成云纹，云纹造型非常优美。床座采用箱体式，形制还是保留前朝的风格。罗汉床的历史可追溯到魏晋时期，当时的罗汉床通常是和

图132　明　朱檀墓出土的高束腰带托泥香几

图 133　明　朱檀墓出土的带帷幄木架五屏风式三弯腿罗汉床

图 134　北魏　山西大同司马金龙墓出土的彩绘屏风局部

图 135　明　朱檀墓出土的交椅

帷幄一起使用的，如北魏司马金龙墓出土的屏风中绘有一张帷幄的榻（图 134）。帷幄指的是室内张挂的帐幕，汉代司马相如《长门赋》中有"飘风回而起闺兮，举帷幄之襜襜"的描述。

图 135 是目前已知最早的圆靠背交椅明器。此椅做工比较粗糙，是交椅的最基本形制。明代交椅，上承宋式，多设在中堂的显著的位置，有凌驾四座之感，有"第一把交椅"之称。明代交椅存世量非常少，明中晚期有黄花梨制成的交椅，其传世量不会超过十张，亦有少量漆木交椅留存。由于交椅制作难度极高，形体很大，入清之后，制者稀少，逐渐消失。

朱檀所处时期是元末明初，都城在南京，这些家具应该就在南京当地制作。这些家具的造型特征反映了明早期苏式家具的造型特征与工艺特点。墓中的家具材质皆为素木，未发现硬木制作的家具，这就为用软木类材质制作的家具早于硬木家具提供了一条佐证。这些家具形制具宋元风格，对研究宋元家具的风格演进是非常重要的依据。

这一时期传世家具有出自浙江余姚的黄花梨高束腰香桌（图 136、137），制作手法与朱檀墓出土的高束腰带托泥香几类似：如牙板与腿的平接，腿上截露明，方腿挖缺做，内侧大挖成曲尺形，牙板与腿结合处的大交圈的做法，形制与杭州出土的南宋时期矮桌残件的腿足风格也基本一致。从这件黄花梨香桌的造型特点、皮壳包浆、风化程度来看，完全有理由把它断代到永乐年间，乃至更早。

明早期青海瞿昙寺存有一件楠木大座（图 138），直径 104 厘米，高 80 厘米，髹朱漆，是一件为数不多的明早期传世家具。尺寸硕大，束腰部分有短柱矮老，是腿上截露面部分，矮老间嵌装绦环板，开光透雕海棠纹，沿边起阳线。束腰下设托腮，抛牙板，壸门式牙板，沿边起阳线。三弯腿，沿边阳起线，足下突出部分下挖缺雕卷转花叶，足端上外翻雕饰如意花纹。腿内侧上端附加一块角牙，透雕卷云纹。下面的台座为须弥座式，做法与束腰一致，带云纹六足。整器造型圆浑，风貌厚拙，装饰华丽，线条有力，体现了明早期细木家具制作工艺的娴熟和结构的合理

图 137　黄花梨高束腰香桌　　　　　　图 136　黄花梨高束腰香桌

性。这种器形硕大的家具通常是皇家或寺院之物。青海瞿昙寺始建于明洪武二十五年（1392），由明宫廷拨款建造，总体结构布局类似故宫，有"小故宫"之称，明永乐扩建。

从明早期史料记载与传世品来看，家具以素木和漆木制作为主。《格古要论》记载："洪武初，抄没苏人沈万三家条凳、椅桌、螺钿、剔红最妙。"沈万三是苏州人，家具皆为做工考究的漆木和漆雕，为苏州平江地区至少在元末明初已是家具制造的中心提供了史料佐证。这一时期传世的漆木家具可列举故宫的部分旧藏及流失海外的古代家具。

图 138　明　青海瞿昙寺藏楠木大座

"大明宣德年制"款的一对雕填漆戗金龙纹方角柜（图 139），长92 厘米，宽 60 厘米，高 158 厘米。柜为四面平制式，有闩杆，有膛肚，膛肚下设刀牙板。黄铜面页，足端包铜套。柜门填紫漆地戗金升龙，龙高举聚宝盆，膛肚上填紫漆地戗金双龙戏珠，所有框架及闩杆上戗金串枝莲花。此柜虽然有"大明宣德年制"款识，柜子的形制和纹饰更像万历时期的制品，故不排除年款为万历时添款的可能性。

明宣德黑漆嵌螺钿龙戏珠纹四足香几（图 140），高 82 厘米，面直径 38 厘米。面委角成海棠式，冰盘沿素混面底部起线。有束腰，束腰有立柱，立柱为腿上截露明部分，沿边起线，嵌装绦环板，下设托腮和壶门牙板。三弯足落在须弥式台座上，足中部外凸有双圈珠纹，足端包球回卷成象鼻式。牙板与腿中上部嵌螺钿描彩龙戏珠纹，

图 139　明　雕填漆戗金龙纹方角柜

图140 明 黑漆嵌螺钿龙
戏珠纹香几

图141 明 剔红孔雀纹四
足方香几

图142 明 龙凤纹剔红三
屉供案

中部以下为折枝花。台座委角，彩绘鱼藻折枝花。黑漆里一侧刻款"大明宣德年制"。此香几形制优美，工艺精湛，为明代早期漆木家具精品。

明宣德剔红孔雀纹四足方香几（图141），面为银锭式，沿边起栏水线。所有构件皆委角做法。冰盘沿底部压边线。拱肩高束腰，束腰海棠纹透光。壶门牙板挖缺做。腿足外挖，沿边起阳线，足端外凸洼线落在托泥上。托泥呈覆盆式造型，中间打洼线，托泥下设云勾足。此香几形制具早年家具气息，通体剔红串枝牡丹花卉，剔刻工艺精美。黑漆里刻款"大明宣德年制"。

现存英国维多利亚博物馆的大明宣德款龙凤纹剔红三屉供案（图142），长119.5厘米，宽84.5厘米，高79.2厘米。案面格角攒边装心板，冰盘沿素混面。案面下设抽屉三具，抽屉下设两根顺枨，枨间加立柱三根，内嵌装绦环板四块。顺枨之下设卷云纹牙板，吊头下安卷云纹角牙，卷云纹皆透雕。侧面有枨子两道，枨上各有短柱两根，分成六格，内装绦环板。枨下设卷云牙板，枨子和短柱皆做出混面，与其他构件相交时做出格肩飘肩。腿为外圆内方，侧脚明显。通体满雕花卉。后背的一根顺枨上有"大明宣德年制"填金刻款。

以上四件明早期宫廷家具都采用漆雕或雕填漆工艺，制作精美，纹饰华丽，富丽中带有凝重的气息，说明了在永乐、宣德时期宫廷对漆饰工艺的喜好。这些家具的制作手法、榫卯工艺与明式细木家具完全一致。

（四）明中期家具的形制分析（正统—正德）

从正统到正德的七八十年间，明王朝局势内忧外患，传世家具实例非常少。从少量的家具实例来看，这一时期的家具开始朝着精细化发展，圆材制作的家具明显多于之前。柜、案、榻线脚开始变得丰富，并在桌、案、椅、凳、柜架皆有体现。剑腿、三弯腿继续沿用，通长刀牙板的运用多于之前，结束了宋代家具断式的结构。此时制作的家具用料厚实。厚面板、短牙头、壶门牙板为家具常用的形式。其中以上海宝山冶炼厂出土的明成化（1465—1487）李姓墓[1]中的罗

---

[1] 王正书：《上海博物馆藏明代嘉靖明器研究》，《南方文物》1993年第4期。

汉床（图143）和案几（图144）较为典型。这两件家具造型古拙，器形优美，韵味十足，皆为细木素漆，这也为细木家具在这一时期延续制作提供了佐证。

图143　明　上海宝山冶炼厂李姓墓中出土的罗汉床

罗汉床为屏风式六足带托泥造型，无束腰。围屏上端皆委角做法。床面平做。边抹用料极厚，素混面内缩造出冰盘沿，无束腰，牙板做出混面，两组壶门牙板分别与腿足连成一体，弧线翼然流动，造型极其优美。三弯腿，足端两侧外凸镂剜成花叶。此罗汉床形制优美，制式古雅。底部不设托泥，说明此时的榫卯结构已经十分完善。

图144　明　上海宝山冶炼厂李姓墓中出土的案几

案几为梁架结构。面格角攒边镶板，案面非常厚。腿足壮硕。两叠式冰盘沿，上部平做，沿下内缩做出混面。圆腿直落，腿足外撇形成大挓度，两侧设上下圆横枨。牙板为大壶门式，与小牙头连成一体，线条流畅。牙头小巧，制成圆弧形，两侧短吊头做出圆弧形。案几形制古拙，造型饱满壮硕。

正德到嘉靖年间，家具制作的数量明显增加，依明人编《天水冰山录》记录了严嵩父子获罪后的一本抄家账。家中有大理石及漆金等屏风389件，大理石、螺钿等各式床657张，桌椅、橱柜、杌凳、几架、脚凳等共7444件。其中以漆雕、大漆、描金、嵌螺钿等一系列髹漆技法制作的家具为主，记载的花梨家具种类极少，且都是小件或小型家具。说明与工艺复杂的髹漆、螺钿家具相比，硬木家具还未受重视。严嵩（1480—1566）是明代最大的贪官之一，家大业大，从严嵩家里所抄出的各种不同材质、各种工艺所制家具的数量之大，可以折射出当时中国大量制作家具的盛况。

到了明中期之后，社会经济有了较大的发展，并出现了资本主义萌芽，城市空前繁荣。由于城镇的发展，人口的剧增催生了对家具的大量需求。

（五）明中晚期家具的形制分析（嘉靖—万历）

嘉靖四十一年（1562）"以银代役"改革使工匠获得更多的人身与劳作自由，手工业从业人数大量增加，商品也得到极大的丰富。这一项制度的改革，对当时的各行各业的手工业生产起了很大的推动作用。"隆庆开关"解除海禁，大量海外硬木木材运输到江南等地，为明式家具的继续发展打下了重要的基础，各种材质的细木家具开始大量生产。

这一时期的家具继续沿袭宋代家具及明早中期的家具风格，博采众长集大成。家具制式古朴素雅，讲究线条的美感，并充分利用线形强化家具的构造，通过曲线与直线连贯与穿插勾勒出形体空间。家具个性鲜明，种类齐全，充分体现出各种木材的纹理与肌理质感，优质木材的使用是宋代及更早时期的家具所不及的。匠师们力求设计与制作的精巧，并在造型及各部分构件的比例上下足了功夫。尤其在文人的倡导和影响下，所制的家具造型素雅，比例匀称，材美工精，气韵生动，精彩纷呈，精品荟萃（图145）。

目前国内外学术界普遍认为明晚期至清前期属于中国古代家具的黄金时期，笔者则认为嘉靖、隆庆、万历时期才真正属于中国家具史上的黄金时期。这一时期的家具存世量并不多，现存的嘉靖至万历的家具实例，皆非常个性化，造型优美，工艺精湛，优雅质朴，气韵生动，体现出明式家具的最高水平。

此时家具的用材与之前相比发生了明显的变化，是细木家具中的软木、硬木和漆木家具并存时期。宫廷中以漆木和硬木家具为主，达官贵人家中则以硬木家具为主，文人雅士和民间更多使用软木家具。自嘉靖开始出现了多种木材并用的盛况，黄花梨、紫檀、鸂鶒木等硬木材料的输入与江南的榉木、楠木、柏木，北方地区的榆木、槐木、核桃木等软木材料的一并用于家具制作，使明式家具出现精彩纷呈的局面。硬木家具与软木各领风骚，构成了明式家具的完整体系，"风起于宋，而极于明"，是对这一时期家具的最好诠释。

1. 榉木家具

生于明嘉靖十九年（1540）的范濂在《云间据目抄》一书中记载："细木家伙，如书桌、禅

图145　明　榉木插肩榫酒桌

椅之类，余少年曾不一见。民间止用银杏金漆方桌。自莫廷韩与顾、宋两家公子，用细木数件，亦从吴门购之。隆、万以来，虽奴隶快甲之家，皆用细器，而徽之小木匠，争列肆于郡治中，即嫁妆杂器，俱属之矣。纨绔豪奢，又以据木不足贵，凡床厨几桌，皆用花梨、瘿木、乌木、相思木（鸡翅木）与黄杨木，极其贵巧，动费万钱，亦俗之一靡也。尤可怪者，如皂快偶得居止，即整一小憩，以木板装铺，庭蓄瓮鱼杂卉，内则细桌拂尘，号称书房，竟不知皂快所读何书也！"[1] 这一段文字记录了有关苏州、松江地区，明嘉万之际各阶层使用不同材质家具的情况，充分说明硬木家具开始大量出现在市场上，富者争相购买，文中提到的"据木"即"榉木"。榉木作为江南明清家具的主要用材，至少在这一时期已经用于家具制作了。明代榉木家具留存并不多，清代则有大量存世。

2. 楠木家具

文震亨《长物志》[2] 卷六对楠木有过描述："天然几，以文木如花梨、铁梨、香楠等木为之。"元末明初陶宗仪《南村辍耕录》卷二十一"宫阙制度"记录了楠木的使用情况："……阁上御榻二。柱廊中设小山屏床，皆楠木为之，而饰以金。寝殿楠木御榻……壁皆张素，画飞龙舞凤。"[3] 论材制，楠木优于榉木，在当今，明代楠木家具的价格却低于明代榉木家具，这是一个比较奇怪的现象，明代楠木家具传世不多（图 146）。

3. 柏木家具

《长物志》对柏木的使用情况也有过记载："凳亦用狭边厢者为雅，以川柏为心，以乌木厢之，最古。不则竟用杂木，黑漆者亦可用。"白居易有《题文集柜》诗曰："破柏作书柜，柜牢柏复坚。"最早的实例有辽代柏木彩绘围棋桌（图 147）。此围棋桌为承盘式桌面。高束腰正面开光成三个倒垂桃形鱼门洞，侧面两个。束腰立墙转角为燕尾榫明榫结构。牙板彭出与腿足平接，板形腿足。证明了在辽宋时期柏

图 146　明　楠木四层全敞架格侧面

图 147　辽　柏木彩绘围棋桌

[1]　范濂：《云间据目抄》卷五《土木》。

[2]　文震亨：《长物志》，重庆出版社，2008 年 5 月。文震亨（1585—1645）：画家、园林设计师，长洲（今江苏苏州）人。

[3]　《南村辍耕录》卷二十一"宫阙制度"：辑入《元明史料笔记丛书》，中华书局，2008 年。

木已用于家具制作，柏木使用的时间要远早于榉木。

柏木家具在这一时期有大量的制品留存，数量远多于榉木和楠木，较为典型者，可列举柏木夹头榫酒桌和柏木方桌。

柏木夹头榫方腿酒桌（图148、149），酒桌方材制，造型简素，比例匀称。款识：万历壬午年（1582）三月□西宅置一样三张。

柏木方桌（图150、151），长91厘米，宽91厘米，高88厘米。面心板六拼。桌子方材制，线脚皆为委角打洼。冰盘沿三叠式，边抹两侧三处出明榫，另两侧五处出榫。素刀牙与牙头45°相交，前后为单枨，两枨为双枨，单枨与双枨交错与腿结合，单枨和双枨的下枨在腿足上出明榫，面板底部背布皮灰，此桌的形制及工艺皆十分成熟，骨架清秀，卓然而立。底部穿带正中有"万历叁拾捌年（1610）汤行四志刻"款。

4. 硬木家具

万历时期进士王士性在《广志绎》中有一段对硬木家具制作情况的描述："姑苏人聪慧好古，亦善仿古法为之……几、案、床、榻近皆以紫檀、花梨为尚。尚古朴不尚雕镂……海内僻远，皆效尤之，此亦嘉、隆、万三朝为盛。"[1]

这段文字记载了在嘉靖、隆庆、万历年间，紫檀、黄花梨等硬木家具在苏州地区非常盛行的情况，所制的家具造型崇尚古制，家具以紫檀、黄花梨家具为时尚，不事镂雕，风格典雅，并令全国各地争相仿效。

图148 柏木夹头榫方腿酒桌

图149 万历壬午年三月□西宅置一样三张（款识）

图150 柏木方桌

图151 万历叁拾捌年汤行四志刻（款识）

[1] 王士性：《广志绎》卷二。

黄花梨、紫檀家具自嘉万起一直延续到清中期，目前有较大的存世量。

明嘉靖至万历的上海宝山朱守城夫妻墓[1]出土的实例有紫檀大理石笔架插屏（图152、153）、紫檀盖盒（图154）、黄花梨嵌宋玉犬镇纸（图155）、黄花梨砚台盒（图156）、紫檀笔筒（图157）、黄花梨"昭来堂"款小盒（图158）、紫檀香盒（图159）、朱小松竹刻香筒、紫檀嵌银丝蟠龙瓶、紫檀嵌玉镇纸等文房用品和香具十余件，这些有确切纪年的硬木的器物，为我们深入研究明代硬木家具的工艺特点，提供了非常重要的实例参照。

这些硬木小件皆器形优美，工艺精湛。其中的一件紫檀嵌大理石笔屏，造型独特，别具一格，工至巧，艺至精，为设计创意极具巧思的小型家具。座屏高20厘米，座底长17厘米，宽8厘米（图152），是砚屏与笔插组合成的小型家具。屏心大理石板为水墨天然纹理，山峦连绵。屏风前置书桌，桌前的景象维度得以延伸，身未动，心已远。半桌面上有五个圆孔洞，下有平板式底托，有五个浅挖的圆孔，与面上相对应，用于插毛笔。半桌为有束腰内翻马蹄足造型。腿有侧脚，外侧做成弧线，腿形做法在明式桌形结构中独此一例。桌形家具都是方腿直落。面板厚硕，底托做成覆盆式，上起线，四角下有扁足。冰盘沿素混面，内缩至底部压边线。浅束腰与牙板一木连做，牙板与腿内侧双交圈，沿边起阳线。侧脚明显，内翻浅马蹄。两侧的站牙为宝瓶造型，沿边起扁线，背面屏心下为壸门式牙子。

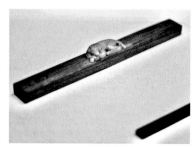

图152 明　紫檀大理石笔架插屏　　图153 明　紫檀大理石笔架插屏侧面　　图154 明　紫檀盖盒　　图155 明　黄花梨嵌宋玉犬镇纸

图156 明　黄花梨砚台盒　　图157 明　紫檀笔筒　　图158 明　黄花梨"昭来堂"款小盒　　图159 明　紫檀香盒

[1] 上海文物管理委员会：《上海宝山明朱守诚夫妻合葬墓》，《文物》1992年第5期。

南京博物院藏有一件黄花梨素刀牙夹头榫小画案。案面装心板为铁梨木，尺寸为长 143 厘米、宽 75 厘米、高 82 厘米。圆腿素刀牙，造型光素，典雅秀妍，工艺精湛，比例匀称，制式标准，可视为明代硬木家具的代表之作，同时也证明了珍贵硬木家具是以苏州为中心制作的事实，以及硬木在商贾阶层的使用情况。此案子在一足上端刻有篆书铭文："材美而坚，工朴而妍，假尔为冯，逸我百年，万历乙未（1595）元月充庵叟识。"字迹遒劲自然（图160、161），是用黄花梨材料制作的有确切款识的传世家具。此案系苏州名药房雷允上家传世之物，雷家后人捐赠给了南京博物院。

圆腿素刀牙夹头榫案子在宋代已成定式，如图 162 宋画中的案子，这件明代的案子形制与几乎与宋代一样。

5. 漆木家具

万历时期太监刘若愚的《酌中志》中记载了宫廷漆木、硬木家具的制作与使用情况："凡御前安设硬木床、桌、柜及象牙、花梨、白檀、紫檀、乌木、鸂鶒木……椶甸、填漆、雕漆……皆造办之。"[1] 刘

图 160　明　黄花梨画案

图 161　明　黄花梨画案足上的拓片

[1]　刘若愚：《酌中志》卷十六，据《丛书集成初编》本。

图 162　宋　佚名《村童闹学图》中的书架、平头案、
椅子（明仇英摹本）

图163 明 插门式官皮箱

图164 明 插门式官皮箱

图165 明 四抹门圆角柜

图166 明 填漆戗金方角柜

若愚还同时记录了宫廷内府家具的使用情况："内臣性更奢侈争胜，凡生前之桌、椅、床、柜、轿乘、马鞍，以至日用盘盒器具，及身后之棺椁，皆不惮工费，务求美丽。"[1]

嘉万时期较有代表性的漆木制品可列举官皮箱和家具等多件。

官皮箱（图163、164），高25.5厘米，宽26.3厘米，深16.7厘米，座宽28.3厘米。箱子为雕填漆工艺，箱平顶为掀盖式，带底座，下有平屉。插门下缘入槽，上缘扣入盖口。底有刀刻填金"大明嘉靖年制"款识。插门式官皮箱是早年份的做法，后来被两开门所取代。

隆庆年款御制四抹门通体雕云龙纹圆角柜（图165），柜为四抹门有闩杆浅闷仓制式。门及柜帮分段装板，帽檐喷出，腿侧脚收分，闷仓有枨子两道，枨上各有短柱两根，分成三格，上部平接，下部格肩，内装绦环板，下安刀牙板。通体高浮雕云龙纹，刻工粗犷，凹凸有致。后背横刻"大明隆庆年御用监制"款识。

万历款六抹门填漆戗金方角柜（图166），高124厘米，长174厘米，深74.5厘米。柜为四面平式，有闩杆，浅闷仓，闷仓有枨子两道，枨上各有短柱两根，上下平接，分成三格，内装绦环板。合页制成铜碗式。柜门上均有菱花纹饰，上部填彩戗金饰龙戏珠纹，下部为鸳鸯戏水纹饰。所有框架及闩杆上戗金串枝莲花。背板黑漆里上横刻戗金"大明万历丁未制"楷书款识。此柜纹饰精美，工艺精湛，为万历时期的漆木家具的代表之作。

黑漆洒螺钿三层侧面壶门圈口架格（万历制）（图167、168），长158.9厘米，高175厘米，深63.5厘米。柜采用黑漆洒螺钿工艺，方材格分三层，正面全敞开。两侧加壶门圈口，沿边起线，圈口两侧立牙中部挖缺。后背装板。上层采用粽角榫做法，中间两层及底层的顺枨、横枨与腿平接，柜架均起线。足间四面设刀牙板，沿边起线，牙头小巧，造型优美。边框描金龙戏珠，正面三层均描金海水双龙戏珠纹，背板分别绘制月季、桃、石榴花鸟图，第一层上方刻"大明万历年制"款识。此架格是一件形制简约而装饰繁缛的一例，为明代漆木家具精品。

这些漆木家具说明了这一时期宫廷对漆木家具的偏好。它们继承

[1] 刘若愚：《酌中志·饮食好尚纪略》，据《丛书集成初编》本。

了宋代漆木家具的髹漆工艺及装饰手法，如五代周文矩《十八学士图》中的黑漆镶石面画桌（图169），以及后来的宋画《唐五学士图》《秋庭戏婴图》等。明代宫廷家具虽制作精美、纹饰华丽，榫卯结构严谨，形式简练而装饰繁褥，但从造型、形体、美感上来看远不如宋代家具肃穆、灵动、文气优雅。

（六）嘉靖、隆庆、万历出土家具结构与形制分析

上海卢湾潘允徵墓出土了大批木制家具明器（图170）[1]，有高背南官帽椅、素刀牙平头案、长方桌、圆角橱、小长榻、矮几、拔步床、长方几、巾架、衣架、箱子等，这些家具皆髹紫漆或朱漆，形制十分优美。体现出这一时期文人士大夫的优雅审美。

其中的一张高背南官帽椅（图171），高18.5厘米。搭脑呈弯弓形，中间宽，两端收窄，挖烟锅袋榫与后腿结合。扶手与鹅脖也用挖烟锅袋榫，无联帮棍，鹅脖与前腿一木连做。坐面用竹编成，下面托有木板。椅盘素混面，坐面之下四面设券口素牙板。此椅形制古拙，工艺成熟，可为明代传世的南官帽椅的形制提供断代

图167　明　黑漆洒螺钿三层侧面壶门圈口架格正面

图168　明　黑漆洒螺钿三层侧面壶门圈口架格背面

图169　五代　周文矩《十八学士图》（局部）

[1] 上海市文物保管委员会《上海卢湾区明潘氏墓发掘简报》，《考古》1961年第8期。

图 170　明　上海卢湾潘允徵墓出土的木制家具

图 171　明　上海卢湾
潘允徵夫妇墓出土的朱
漆高背南官帽椅

图 172　明　王锡爵墓
出土的家具

图 173　明　王锡爵墓出土
的家具

图 174　明　王锡爵墓出土
的家具

图 175　王锡爵墓出土的家具

依据。

苏州虎丘新庄王锡爵墓发现了大批家具模型（图 172—175），有供桌、衣架、盆架、椅子、跋步床等[1]。

其中的一把无联帮棍四出头官帽椅（图 176），搭脑和扶手出头处均抱圆，扶手、鹅脖弯曲，鹅脖退后安装，不与腿一木连做，扶手下不设联帮棍。搭脑中部向后凸起，上端平做，顺势削出斜面至两端后弯。椅面厚板制成，边抹素混面，下设一木整挖刀牙板。腿外圆内方。管脚枨前后低，两侧高，踏脚枨下装素牙板。工艺精到，造型古拙浑厚，用料厚实，气质不凡。

潘允徵卒于万历十七年（1589），王锡爵葬于万历四十一年（1613）。潘、王两人的地位虽无法和明太祖十子鲁荒王朱檀相比，但随葬的家具明器数量却远远多于朱檀墓出土的。

浙江嘉兴明项氏墓（1525—1591）出土家具明器有榻、长桌、长凳、椅子、衣架、巾架、盆架等[2]（图 177），形制古拙，气韵极佳。

上海中山北路严家阁墓出土有架子床、立橱、案子、凳子、箱子、衣架、盆架等[3]（图 178）。这些家具模型真实地反映了当时的实物状态。这些皆器形古拙，比例匀称，造型简约大方，线条流畅有

[1]　苏州博物馆：《苏州虎丘王锡爵墓清理纪略》，《文物》1975 年第 3 期。

[2]　陈耀华：《浙江嘉兴明项氏墓》，《文物》1982 年第 8 期。

[3]　王正书：《上海博物馆藏明代嘉靖明器研究》，《南方文物》1993 年第
4 期。

力，具有较高的制作水平。明中晚期细木家具的制作数量多于明前期，从这里可以得到旁证。

从出土家具的实例和民间的家具状况来看，嘉靖至万历时期的明式细木家具已开始成系列、成规模制作，并在以苏州为中心的江南地区流行起来。用料考究、制式古朴、工艺精湛的苏式细木家具很快影响到周边地区，并风靡全国。

（七）明晚期到清早期（天启—康熙）

这一时期的家具存世量相对较多，大部分家具的造型如我们现在所见的明式家具，属于作坊式流水制作时期。由于这一时期家具的大量制作和审美取向弱化，家具的个性已经逐渐消失，家具的制式已出现程式化、制式化的特点，造型不如之前家具的古朴灵动，大部分家具显得精致有余而气韵不足（图179、180）。

笔者称这一时期的明式家具为"准明式"。任何艺术门类到了巅峰之后，都会出现下降趋势，盛极必衰，这似乎也是任何艺术门类的一个惯例。明式家具也不例外，从明崇祯到清康熙、雍正后期，是一个朝代更迭的时期，属于传统文化的过渡期，也是民族文化融合的时期。此时制作的明式家具虽然保留了明式家具的特点，但由于审美品位的改变，家具的整体造型与构件间比例已经不是那么匀称与完美了。其结构开始变得松散，在家具的局部位置出现过多的修饰，如案子的牙板出现较多的镂雕与写实的图案，牙形也变得肥大，夸大了明式家具的较抽象的线形结体与框架。制作工艺也开始衰退，个性逐渐缺失，所制的家具已开始呈现呆板与倾颓之势，"宋韵明风"已逐渐走向衰弱。

（八）文人对明式家具发展的推动和影响

江南人杰地灵，文人荟萃。在明代，江南进士数量居全国之首。从明中期开始，随着经济的兴盛和国力的日渐强大，宫廷开始吹起奢靡之风，官吏、士大大和百姓开始追求享乐，奢华之风盛行，各阶层对家具的需求大增。富商、士大夫们也忙于建造府邸园林，例如苏州的拙政园，文徵明就参与设计并绘制景物，明代吴地仅苏州府宅地园林就有270多处。明中期以后，文人士大夫身处当时独特的政治环境，先有宦官独揽朝政，阻塞言路，蒙蔽皇帝，后有文官把持大权，专权势力的加剧引发了不同党派的斗争。在这种社会环境下，文人心

图176　明　王锡爵夫妇墓出土的无联邦棍四出头官帽椅

图177　明　浙江嘉兴项氏墓出土的供桌、靠背椅等

图178　明　上海中山北路严家阁墓出土的架子床

图 179 　明 　柏木夹头榫素刀牙平头案（天启款）　　　图 180 　清 　柏木夹头榫素刀牙平头案（康熙款）

性受到压抑，心灰意冷。身处末世，他们对时政感到失望，纷纷萌生出归隐之心，逃离官场，无视功名，失意遁世者以栖身三吴、游历江南为乐事。文人们将精力寄托到以自我为中心的日常生活中，他们营建园林居室，定制家具陈设器用，强调生活场景的艺术化，使之成为释放内心压抑、陈述审美理性的一种载体。

　　文人家具也许就是在当时的社会矛盾下所产生的超越现实的理想的物化表现。文震亨的《长物志》第一卷"室庐篇"也描绘了当时的情景："……混迹廛市，要须门庭雅洁，室庐清靓，亭台具旷士之怀，斋阁有幽人之致。"仇英的《桐荫昼静图》（图 181）所描绘的场景，正是当时文人生活的真实写照，"日长山静绿梧稠，坐听沿阶活水流。一室萧然惟四壁，片言得意足千秋"。

　　时代的尚奢风之气使他们普遍认为，只有在阔大且设计精心的庭院中，在考究的家具和精致的茶具、香具里，优雅的生活品质才能完全呈现；真正代表一个人地位和品位的不是金钱，而是书法、字画、文玩、奇石和花卉鱼虫这些与日常生活无甚关联的雅物。仇英的《人物故事图册》之《竹院品古图》描绘的正是这种生活方式（图 182）。他们把对生活的体验诉诸笔端，生活品鉴类的著作迭出，抒写人生处世的格言和个人的生活情趣成为风尚。文震亨《长物志》有过详细的叙述："比屠隆又增列了天然几、书桌、壁桌、方桌、台几、椅、杌、凳、交床、橱、架、佛橱、佛桌、床、箱、屏等十多种。"明代文人对家具津津乐道，可以看出家具已成为一种风尚，一种生活状态。

　　《长物志》序中写道："几榻有度，器具有式，位置有定，贵其精而便，简而裁，巧而自然也。"这段文字对家具做了非常清楚的描述，对家具的尺寸是多少，讲究定式，崇尚古制，室内陈设设计，功能是什么，都讲得非常清楚。高濂《遵生八笺·起居安乐笺》也有类似的描述，从明中晚时期的文人的著作中可以看出家具的使用情况。

图 181　明·仇英《桐荫昼静图》（局部）

图182　明　仇英《人物故事图册》之《竹院品古图》（局部）

　　文人的审美影响到社会的各个阶层，文人崇尚古风和士大夫阶层奢靡的生活方式在很大程度上推动了明式家具的进一步发展。明代"富贵争胜，贫民尤效"是当时吴地的写照，官吏的"富贵争胜"主要体现在用家具来炫奇斗富和对高品位细木家具的追求，如明张岱《陶庵梦忆》卷六写道："癸卯，道淮上，有铁梨木天然几，长丈六、阔三尺，滑泽坚润，非常理。淮抚李三才百五十金不能得，仲叔以二百金得之，解维遽去。淮抚大恚怒，差兵蹑之，不及而返。"反映了官吏阶层对家具的钟爱程度和当时名贵木材家具的价格之高。

十　清代家具

　　清初经历了康、雍、乾盛世，社会经济水平得到很大的提高，国内商业空前繁荣，手工业产品更加丰富。这一时期的明式家具继续流行并大量制作（图183）。

　　从乾隆开始，清式家具逐渐孕育并大行其道。这段时期，出现的家具形制与明式完全不同，如多宝格、博古架、太师椅、屏风椅、梅花凳等，家具大多以方材为主，红木家具开始大量出现。至乾隆中晚期，统治者奢靡之风日益滋长，追求精巧新奇，遂争奇斗巧，滥施雕刻，一味采用吉祥纹饰，诸如龙凤呈祥、五福捧寿、瓜瓞绵绵、吉庆有余等装饰纹样，不胜枚举。清式家具在过分追求装饰的同时，忽略了家具的整体造型和构造的合理性，也忽视了木材的自然美，虽然一些家具的工艺和技术达到了极高的水平，但艺术趣味日趋低下（图184、185）。风尚所及，上行下效，必使民间受到极大的影响。随后结构松散、堆砌造作的清式家具逐渐成为主流，所制的家具已呈现呆板与倾颓之势（图186、187），明式家具日趋减少，中国古代家具就此走向消亡。

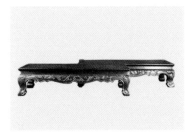

图 183　紫檀有束腰三弯腿小几

图 184　紫檀托盘

图 185　红木屏风椅

图 186　榉木太师椅

图 187　榉木半桌

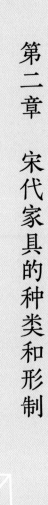

第二章　宋代家具的种类和形制

一　白瓷明器家具一组

尺寸　不详

年代　南宋

出土地　江西

这三件家具是江西出土的南宋明器白瓷家具模型，出自赣窑，瓷器上有明显土沁。这三件家具实例上留下了大量的信息，对研究明式之前的家具风格具有重要的意义。

1. 靠背椅

椅子与脚踏连成一体，形制与许多宋画中的椅子一致，证明了当时的绘画作品是根据实例来描绘的。

椅子与之后的明式灯挂椅形制类似。椅盘之上的构件为圆材制作，下方材制，搭脑用圆材制成，中部微隆起，两端出头平切。背板攒框成两攒式，落堂平镶，上部开椭圆形透光。椅面平镶，采用两格角做法，具体做法是前面的大边与抹头45°格角相接，后面的大边和抹头平接，椅面的构造形式与北宋巨鹿木椅和北宋江阴孙四娘子墓出土木椅以及宁波的宋石椅一致，说明宋代家具的结构还处于完善阶段。明式家具坐面四角都采用45°格角攒框的做法，结构非常结实，榫卯结构十分合理。

椅盘边抹起棱角与前腿用棕角榫方式相接，后腿连做，贴地两侧和后面设管脚枨，前面四面平箱式脚踏与前腿连成一体，脚踏下部挖缺，角位之下形成四足。椅盘下的四面券口牙子皆稍退后安装，做成板足式，四面券口挖成拱形，造型保留了唐代家具中壶门床脚的痕迹。

2. 无束腰小桌

桌面采用格角攒边装心板的做法，面心阴刻折枝花，面喷出，边抹起剑背棱线脚。无束腰，四腿落在台座上，牙板与腿足看面平做。四腿内缩安装，前后牙板与腿不做交圈，用角牙装饰，角牙退后安装。两侧券口挖成拱形，足底部弯成内弧与台座交圈，在受力点的足端上做出交圈弧度，是效仿古制的做法，在隋唐时期常见，台座边抹起剑背棱线脚。

3. 三屏风独板围子带栏杆罗汉床

床为三屏风式，无束腰，腿与踏床座连成一体，呈"L"形。围子上设栏杆式，圆材制，正面两处加矮老，两侧一处加矮老。围子内侧平面光素，外侧落堂平面做法。床座边抹素混面，边抹之下整板落堂平镶，与踏脚连成一体，板形样式，后腿外撇。栏杆式家具在北魏云冈石窟已经出现，宋《柳塘钓隐图》画中的有一张带栏杆围子的罗汉床。

以上三例出土明器家具实例在形制和局部装饰位置还保留了隋唐家具乃至更早时期中国古典家具的特点：如大交圈的壶门轮廓，足端弧线与底部交圈。

在我们对古代家具的认识过程中，通常认为椅背攒框的做法或有矮老做法的家具年代晚，其实不然，至少这把出土的椅子就为我们提供了佐证。

宋代白瓷明器家具，三屏风独板围子罗汉床

宋代白瓷明器家具，无束腰小桌

宋代白瓷明器家具，靠背椅

二 宋代圆石盆（残件）

尺寸　长 22.3 厘米　宽 18.5 厘米　高 6.1 厘米
年代　南宋
出土地　浙江杭州（南宋皇城遗址）

　　此石盆出土于杭州南宋皇城遗址。圆形，
立墙与腿足平面光滑，磨制精细，周身一圈起
扁线，工艺十分精致。足采用挖缺做，镂剜成
卷转双双上翘的云勾，造出云纹轮廓，形如仰
俯云勾足式样，小足线条流畅，工巧形美。整
体造型光素，精工细琢，体现出宋代制器的精
湛工艺水平。

　　云勾足、花叶足是宋代家具中腿足的主要
造型特征之一。这种足的造型在宋代的画作中
都能见到，如在北宋王诜《绣枕晓镜图》中的
四面平条桌、榻，北宋苏汉臣《妆靓仕女图》
中的四面平坐榻、四面平大桌，南宋《槐荫消
夏图》中的榻等上，都可以看到云勾足和花叶
足的造型。

底部

侧面

宋代出土小石头座

三　大漆矮桌腿足（残件）

尺寸　长约 38 厘米
年代　南宋
出土地　浙江杭州（南宋皇城遗址）

　　此腿足是杭州南宋皇城遗址中出土的一件南宋矮桌残件，只剩一条腿足，原来应该是一件矮桌结体的家具。方腿挖缺做，所谓"挖缺做"是指方材腿足内侧的直角被切掉，断面形成曲尺形，也就是被挖掉缺口的意思。

　　此腿内侧曲线优美，从弧线的大弯度上看，是与牙板大交圈的做法。上端方正平直，是腿与牙板平接的做法，而不是 45°格角与牙板相交。足下端内侧突出部分锼剜出卷叶形，形成一波三折的圆弧线，自上而下渐变收小，足端收圆。

　　通体采用木胎大漆工艺，髹漆胎层很厚，表面推光漆打磨，磨工精细。此腿足形制古朴典雅，可谓极工巧之事，其美无度，是一件宋代家具的精美实例。

南宋大漆矮桌的一条腿足（残件）

四　楠木一木整挖有束腰小座

尺寸　长18.3厘米　宽18厘米　高16厘米
年代　宋
产地　古徽州

这是一件传世小座子，立意极高，极具想象力，藏大美在无形中，工至简，艺至高，堪称佳制。

在北魏和唐代的佛造像中，佛常跌坐在方形座子上，此座子的形制与之类似。在宋代绘画里也能找到类似的造型，并有宋代石雕中同类器形与之印证。在明代的器物和绘画中尚未发现此类形制和制作手法的实例。此座的形制与制作手法与明代器物不为同宗，非宋元出不了类似的气息。

座子为一木整挖有束腰方形结体，髹朱漆。坐面四角铲凿一缺口，类似委角[1]工艺。边抹造出圆形混面与束腰、牙板及腿足连成一体，束腰打注[2]。牙板彭出，肩部造出混面，呈鼓腿彭牙状。方足，足端内侧收圆，在四足外侧直角处各削出花叶一片，从正面看，腿足看似三弯足，手法写意，令人拍案叫绝。

足内侧的直角切去，断面形成曲尺形，似壸门床脚留下的痕迹。牙板挖缺做，中间一段平直，两侧尽端向下弯垂，挖成马鞍形并与挖缺的腿足贯连，沿边起扁线，线脚饱满，手工味极浓，厚拙中见精美。

此座制式古朴，朱砂漆皮风化斑驳，色泽沉稳，皮壳老辣，面板漆面氧化层黑亮如铁。此座造型独具一格，貌似平淡，实则神奇，从中可见古代文人的审美意趣。

宋　陆信忠《十六罗汉图》中的朱漆案上几

腿足的纹饰

[1]　委角：两边的直角同时向内收缩成凹圆形。
[2]　打注：构件表面做出凹形。

楠木一木整挖有束腰小座正面图

正斜图

五　蠖村石小盆（残件）

尺寸　长 18 厘米 宽 18 厘米 高 9 厘米
年代　南宋
出土地　杭州（南宋皇城遗址）

　　此蠖村石小盆出土于杭州南宋皇城遗址。
造型光素，带四足，立墙转角委角做法，这种
委角工艺被之后的明式家具所大量运用。此盆
石制风化，色泽层次丰富，磨制精细，工巧形
美，精工细琢，体现出宋代制器的精湛工艺
水平。

　　蠖村石质地温润，色泽柔和，滋润胜水，
石性糯而锋健，刚柔兼济。自宋米芾《砚史》
著录后，又得清乾隆《西清砚谱》刊载而声
名益盛。由于其可塑性强，适合制砚及各类
器物。

蠖村石盆正面

蠖村石正斜面

底部

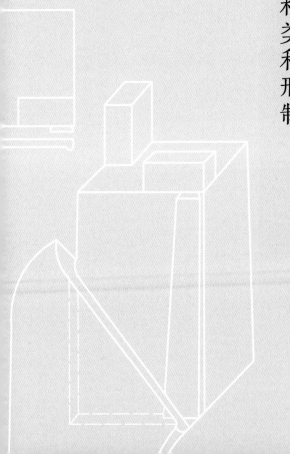

第三章　明式家具的种类和形制

一　机凳

1. 黄花梨无束腰直足直枨长方凳

尺寸　长 57.5 厘米 宽 37.5 厘米 高 41 厘米
年代　明
产地　江苏苏州

　　此凳为无束腰直足直枨素刀牙造型。凳体呈长方形，坐面格角榫攒边平镶面心板，边抹造出冰盘沿，素混面内缩至底部压边线，边线打凹，线脚采用碗口线工艺，处理手法圆婉含蓄，工艺娴熟，其冰盘沿线脚是目前所见最优秀的案例之一，不仔细观察并不会发现古代工匠的匠心独运之处。两侧为明榫。

　　一木整挖素牙子，长牙条与牙头内侧双交圈做法，线条流畅，牙头造型较为丰腴，角位收圆，牙形十分优美。圆腿直落，四足外撇侧脚[1]。四面设扁圆直枨，前后顺枨高，两侧横枨低，榫卯互让，避开了枨子在腿足的同一处开榫眼，从而增加了结构的牢固度。

　　此凳较矮，给人以稳定厚拙之感。造型简练纯朴，质朴无文，形制优美。整体用料厚实考究，质地坚硬，打磨精细，工艺精湛，原始皮壳包浆，皮壳黝黑，包浆醇厚，足端自然风化发白。是明代江南黄花梨素刀牙凳中的经典范例，当属精品之列。制作年份应为明万历中期。

　　凳子亦称"杌凳"。杌指的是树无枝，没有靠背的坐具为杌，造型有长方形与正方形及圆形，形制有小凳、条凳、春凳、交杌和禅凳

之分。凳子没有方向，在日常生活中使用较为随意。有无束腰和有束腰两种结体形式，无束腰凳子有圆材直足直枨及罗锅枨的造法。

　　无束腰受木建筑梁架结构的影响。中国传统木建筑的柱子多为圆材，横向的方形梁架也大多做成有弧度的圆形，底部削平做，出现"方中见圆"的造法。立柱子采用上敛下舒的造法，使建筑形成稳定之势。无束腰家具承袭了建筑的这一构造方式，腿足大多直落到地，没有马蹄，用圆材侧脚造法。

　　有束腰家具是从北魏浮雕塔基及唐代的龛座的叠涩中演变而来的，台座大多都为方正平直形制，不像柱子有侧脚。反映到家具上，出现了束腰内翻马蹄腿造型。中国传统家具历经千百年的演进，至宋代，把之前的箱体式演化为四腿足落地的梁架结构，足端为马蹄足或卷转成花叶的形制。由于高形家具的发展和成熟，之前箱体式家具原有的底框逐渐消失，只有部分家具还保留了底框，这种底框也称托泥。

　　无束腰家具的特点与形制：圆腿直足有侧脚，无马蹄，无托泥，形制有夹头榫案子、圆腿有侧脚的杌凳、一腿三牙桌子、圆角橱、椅

---

[1]　侧脚：四足上端内收，下端外撇，北方匠师则称之为"挓度"。正面、侧面都有侧脚，即所谓"四腿八挓"。

黄花梨无束腰直足直枨长方凳

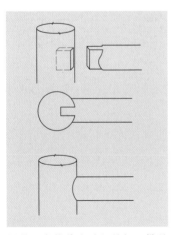

圆材丁字榫结合（竖材粗，横材细，外侧、内侧不交圈）

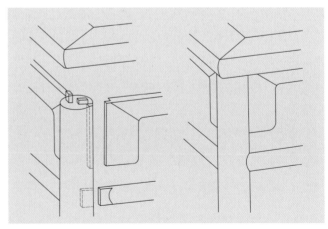

无束腰刀牙方凳，凳面、腿足牙板的榫卯结合

子等。

有束腰家具的特点：方材无侧脚，直足、马蹄足；形制有机凳、炕桌、方桌、条桌、画桌、床、榻等。

无束腰凳子在宋代以前已经出现，画例见北魏敦煌莫高窟第 257 窟壁画中的无束腰凳子，五代画家卫贤的《高士图》中的机凳。《高士图》画中有方机二张，面皆为攒框镶板或藤编屉面。前面的一张为梁架结构，面喷出，边抹平直，腿缩进安装，方腿直落，前后无枨，左右设有横枨；后面的一张为四面平结构，边抹平直，腿足为板足式，内侧挖缺形成三弯曲线，形制与唐代的"月样机子"相似。

圆材直足直枨无束腰凳子在宋代成为定式，画例有北宋白沙宋墓壁画中的黑漆机凳，南宋绘画《春游晚归图》中的黑漆机凳。亦有学者认为这是一张食桌，从凳子与人物头部的比例来看，笔者认为还是一张凳子，其结构是借鉴和吸取了建筑中大木梁的造法。

到了明代，经过匠人的反复实践，凳子的造型和结构及制作工艺都有了很大程度的提高，圆腿无束腰素刀牙方凳是明代苏式机凳中的经典器物之一。明《鲁班经匠家镜》版画刻本中也可见这类无束腰刀牙方凳的款式。

北魏　敦煌莫高窟第 257 窟壁画中的无束腰凳子

五代　卫贤《高士图》中的机凳

北宋　白沙宋墓壁画中的机凳

南宋　佚名《春秋晚归图》中的黑漆机凳

南宋　马远《西园雅集图》中的有托泥方机

明　《鲁班经匠家镜》版画中的素刀牙方凳

2. 榉木无束腰直足直枨刀牙方凳

尺寸　长59厘米　宽59厘米　高50厘米
年代　明末清初
产地　江苏苏州东山

此凳为无束腰直足直枨结构，坐面格角榫攒边，四框内缘踩边打眼造软屉，边抹素混面上下压边线，两侧明榫。牙头与牙条内侧双交圈，交圈弧度较大，线条流畅，曲线优美，牙头较长，角位收圆，刀子铲地起细圆线，铲地平整。四足直落，外撇侧脚，腿足外圆内方压边线。四面设椭圆直枨，圆材丁字榫 [1] 在同一高度与腿结合，横枨与腿榫卯相交处不加竹钉，结构非常严密。

整器用料厚实考究，通体由鸡翅榉制成，质地坚硬，纹理优美，打磨精细，工艺精湛，包浆自然，足端风化发白。

此凳比例匀称，造型简练，风格纯朴，凿枘工巧，在江南的牙方凳子中属于用料最充裕，比例最协调的典型范例，是一件形制优美、工艺精湛的明式榉木家具。杌凳种类与形式繁多，此凳可居各式之首。制作年代在康熙年间或更早一些。

此凳在榫卯结构制作上有特殊的手法，具体的做法是：在长牙条与牙头断面的结合处，一侧用燕尾榫平接，另一侧在外端三分之二处用燕尾榫平接，内侧三分之一处斜接，四面牙子都采用此做法。此外在牙头与腿的入槽结合处也有特殊的做法：榫卯斜接的部位牙头切有缺口，缺口入腿的槽口，平接的部位牙头与腿的结合处全部入槽。笔者曾问过行家和制作明式家具的老木匠，皆不知为何采用如此做法。但有一点可以证明其榫卯的精巧之处，就是此凳的牙子都完好无缺，通常这类凳子的牙头、牙板或多或少都会缺失。而且此凳非常坚固，历经数百年保存至今，丝毫不摇晃，关于此凳的榫卯做法，希望在之后的研究中能破解其中的奥秘。

榉木刀牙方凳之边抹与牙板

平接榫卯

斜接榫卯

---

[1]　圆材丁字榫：竖材粗，横材细，横枨两侧顶端正中出榫舌，枨子里外做肩，内侧外侧皆不做交圈，枨子与腿足外皮不在同一平面。

榉木无束腰直枨素刀牙方凳

3. 鸂鶒木有束腰霸王枨长方凳

尺寸　长 44.2 厘米　宽 32.8 厘米　高 43.5 厘米
年代　明末
产地　江苏太仓

　　鸂鶒木为古时的叫法，现称鸡翅木。

　　此凳为方材有束腰霸王枨马蹄足造型，全闷榫制作。霸王枨下端与腿相交，上端交代在弯带上，不打竹钉，霸王枨为三弯形，四根霸王枨弯度很大，这也是早年霸王枨的特点之一，年代偏后的霸王枨弯度都不大。

　　坐面边挺抛圆，形成混面，软屉藤面，藤屉后修。边抹造出冰盘沿。素混面上舒下敛。浅束腰打洼，束腰与牙板一木连做。鼓腿彭牙，牙板与腿足沿边起极细的阳线，线条劲快有力，牙板与腿足内侧转折处大挖曲线，形成大交圈，线条流畅，给人以一气呵成之感。方腿直落，内翻马蹄，马蹄兜转较多，形制优美。底部厚批黑灰。

　　此凳比例匀称，精工细作，造型厚重饱满，花纹参差叠加，细密而绚丽，纹理优美，鸡翅木木纹彰显，工料俱佳，为霸王枨方凳之精品。整器包浆醇厚，皮色黝黑，鸂鶒木霸王枨方凳存世极罕，自本书完成时仅见此例，十分珍贵。制作时间可入明。

底部

霸王枨细节

鸂鶒木有束腰霸王枨长方凳

4. 榉木有束腰霸王枨方凳

尺寸　长43厘米　宽43厘米　高46厘米
年代　明末
产地　安徽休宁

此凳为方材有束腰霸王枨马蹄足结构，藤面软屉，原藤尚在，凳子未做任何清理，保留了原始状态。

边抹造出冰盘沿，素混面。浅束腰与牙板一木连做，鼓腿彭牙。牙板与腿足以饱满的阳线双交，腿足内侧大挖弧线，内翻马蹄，马蹄兜转有力，造型浑厚饱满，器形优美。

凳子比例匀称，厚重中带婉约，手工味道极浓。包浆醇厚，皮色黝黑，呈现出徽州特有的烟熏皮壳。据徽州当地行家介绍，这种烟熏皮壳的形成是由于徽州人在家具髹漆工艺上使用了一种经过特殊处理的桐油，历经长年累月，加上古时人们使用木柴烧菜做饭，烟雾自然附着于家具，从而形成的。

榉木霸王枨方凳存世量极少，除了在徽州发现此例之外，只在江苏太仓发现几张有此形制的方凳。目前所见不过五例，皆造型饱满浑厚，器形优美。此凳制作的年代可入明。

明　宋应星《天工开物》版画刻本中的方杌［明崇祯十年（1637）刻本］

榉木霸王枨方凳的原始照片

宋韵明风——宋明家具形制与风格

榉木有束腰霸王枨方凳

5. 榉木无束腰直枨加矮老管脚枨长方凳

尺寸　长 39 厘米　宽 29 厘米　高 48.5 厘米
年代　清
产地　江苏苏州

　　此凳通体圆材制，圆腿直落，四足侧脚明显，形成四腿八挓之势。凳子的面挺四边抛圆，喷面，凳面板面平镶，边抹素混面几近半圆形，观感浑厚饱满。凳子上部有直枨加矮老，直枨用钉字榫与腿足相交，枨子安装位置较高，前后设矮老两根，两侧设一根矮老，外圆内方，管脚枨全部由圆材制成，并在同一高度与腿足结合。足端发白，色泽老旧，皮壳黝黑。

　　整体用料纤细，纹理优美，木质风化起木筋，风化程度较高。此凳子尺寸小巧，造型轻巧空灵、质朴无文。此凳并不属于比较优秀的明式家具，但作为无束腰的机凳实例，亦编入书中，应是康熙、雍正年间的制品。

　　带矮老的家具在辽代壁画中已经出现，之后的宋代家具和明式家具均见此类造型的凳子，此类方凳存世较多，其制作时间一直延续到清中晚期。

边抹局部

腿足及管脚枨局部

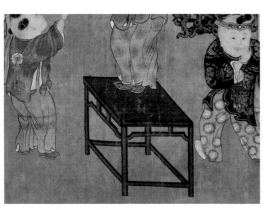

明　夏葵《婴戏图》中的罗锅枨加管脚枨长方凳

榉木无束腰直枨加矮老管脚枨长方凳

6. 榉木小交杌

尺寸　长 35 厘米　高 50.5 厘米
年代　清初
产地　江苏苏州

此榉木小交杌属于寻常百姓日常坐具，工艺并无特色，做工平平，基于交杌对古代高形家具的影响，亦编入书中。小交杌由八根圆材料制成，这是交杌的基本形式。杌面上为两根出榫做法，杌足为扁圆形出榫。此小交杌做工规矩，打磨较为精细，干皮壳发白，榉木鸡翅纹理彰显，木质历经数百年的风化，分量极轻。交杌的年代较难判定，因为交杌在户外使用较多，木质风化极快，而木质风化并不完全代表年代久远，从这件交杌的制作工艺来看，应为清初所制。

江南榉木制交杌非常少见，软木类交杌以山东地区为多，大多用果木、枣木制成，明清时期也有用黄花梨、紫檀等材质制作的交杌。交杌结构极其简单，只用八根直材，在交叉处用贯穿的轴钉固定，杌面用穿麻绳编制而成；其中还有带踏床的交杌，属于考究的做法。交杌数千百年来被广泛使用，其造型一直保持原来的基本结构。

2019 年 11 月，在甘肃天祝岔山村的一座唐代墓葬中，考古挖掘出了我国现存最早的一个马扎实例。这座墓葬从唐代至今从未被盗掘过，再加上甘肃地区降雨量小，相对干燥的墓葬环境和马扎本身髹饰了黑漆作为保护，这些有利条件的共同存在使这件当时的生活实用器被完整地保留下来，这件榉木交杌与唐墓出土

的形制几乎一样。

交杌，俗称"马扎"，东汉时从西北少数民族传入中原，当时称之为"胡床"，可折叠携带。马扎从西域的引入，对之后的垂足而坐产生了很大影响，使人们的生活方式从席地而坐开始逐渐向垂足坐过渡，对之后的高形家具产生了很大的影响，之后高足式家具逐渐形成，并日臻成熟。

马扎的图像资料有北朝东魏武定元年（543）的一块佛教造像碑，石碑上以减地线刻的手法刻画了一个胡人坐在马扎上的形象，这便是最早出现的马扎；莫高窟第 257 窟北魏《须摩提律经》的双人胡床；年代稍晚的马扎是在山西太原北齐徐显秀墓壁画上，壁画中浩浩荡荡的出行队伍中，一名仆人臂挎马扎；北齐杨子华《北齐校书图》中绘有一士大夫坐于马扎上执笔书写的形象；宋佚名《货郎图》中的货架上有马扎一具。

宋代出现的交椅的设计来源是在马扎的基础上加一个靠背、两个扶手。宋画《春游晚归图》画中绘有队列中一侍者背扛黑漆交椅，另一侍者双肩扛着方凳。

唐　墓葬中出土的马扎实物

东魏　武定元年佛教造像碑拓片中的马扎

北齐　山西太原徐显秀墓
壁画上一名侍从臂挎马扎

北齐　杨子华《北齐校书
图》中的交杌

宋　佚名《货郎图》中的
马扎

榉木小交杌

7. 榉木夹头榫素刀牙二人凳

尺寸　长 129 厘米 宽 36 厘米 高 41.5 厘米
年代　明
产地　江苏苏州

　　此凳为夹头榫案形结构，凳面格角攒边，框内缘踩边打眼造软屉，三根弯带支承，中间弯带缺失，弯带材质为柏木。边抹素混面造出冰盘沿，底部压边线，边抹浑厚饱满。素刀牙斜接，呈八字牙头造型，牙条与牙头内侧双交圈，转角弧度较大，牙头角位收圆，牙形优美，两侧吊头较长。腿足侧脚，扁圆腿，腿间设椭圆双横枨。

　　凳子用料考究厚实，通体采用鸡翅榉制成，木质风化起木筋，肌理丰富，色泽呈浅灰褐，皮壳干白。凳子有残，高度欠缺，藤面缺失，一侧长牙条缺失。

　　此凳器形优美、质朴简练，明味十足。凳子的冰盘比牙条宽出许多，一般来说，冰盘比牙条宽，年代通常较早。从气息与风化程度来看，制作年份在明万历中期之前。

　　长凳较早出现在晚唐莫高窟第 473 窟中，为梁架结构。画中的长凳供四人就座，方材制，尺寸很大。面喷出，四足内缩安装，无束腰，四周有管脚枨，结构造型十分简单。北宋张择端《清明上河图》中也绘有各式圆腿素刀牙条凳，为夹头榫案形结体。宋代圆腿刀牙长凳的传世实例至今尚未发现，明代的画例和实例中则出现较多这种形制的家具。

唐　莫高窟第 473 窟中的长凳

明　吴伟《歌舞图》中的夹头榫素刀牙两人凳

榉木夹头榫素刀牙两人凳

边抹刀牙局部

二　椅子

1. 柏木灯挂椅

尺寸　高106厘米 宽49厘米 深41厘米
年代　明
产地　江苏泰兴

　　此灯挂椅搭脑中部隆起，两端下降，呈罗锅枨式，两侧末端平切，罗锅枨呈45°角向后平卧，做法独特，颇具创意。

　　椅盘格角攒边装心板，大边与抹头转角处为三角榫明榫制作，一挂式"C"形素背板，背板两侧断面倒圆处理，观感圆婉柔和。靠背立柱与后腿一木连做。椅盘以上为圆杆，以下为外圆内方，椅盘之下的腿足外圆内方的做法起两个方面的作用：一是为了方便与管脚枨相交；二是圆形之外用方材，可起支承椅盘的作用。足间设管脚枨，正面的脚踏枨与后面横枨在同一高度上，两侧横枨安装位置稍高，榫卯互让，其目的是避免在腿的同一位置开榫眼。

　　椅面四边倒圆，面挺锼刮成"厅竹圆"，也就是今天我们常说的"竹片浑"，观感趋于柔和，做法考究。坐面比常见的软木灯挂椅的纵深要深3厘米，牙条与牙头45°斜接，大弧度交圈，两侧与背面为刀牙板，牙头修长，牙形优美，牙板用料厚实，牙头反面用双插榫制作，亦称之揣揣榫[1]（苏北地区牙头反面做成双榫较为常见，苏南则很少有这种做法），这种做法的优点是牙头不易脱落。椅子为板面平镶，面心板缺失，脚踏下牙条缺失，券口的两侧立牙后配。

　　此椅造型婉柔雅致，杆纤细，用料考究，采用血柏制成，木质温润细腻。椅子通体髹朱砂漆，朱砂漆自然脱落，部分残留，包浆熟旧，风化自然，是一把造型优美、个性彰显的苏式柏木灯挂椅，具早年份家具气息，可列为灯挂椅之佳器。制作年份可追到明万历至嘉靖之际。

　　灯挂椅与其他坐具相比，别具风格，因无扶手，就座时左右无障碍，造型简约，其高耸的椅背显得挺秀，是明式家具中最流行的坐具之一。

---

[1] 揣揣榫：两条牙板各出一榫互相嵌纳，形象地说就像是两手相揣。揣揣榫做法较多，一种是正面斜接，背面平接，一种是正面背面都斜接。

在宋代绘画中常见此类造型椅子的图像资料，形制已经较为成熟。江苏江阴宋墓出土的木椅、河北巨鹿北宋墓出土的木椅两个实例证明了至少在宋代已出现了灯挂椅。只是当时这种造型的椅子是否称为灯挂椅，已无法考证了。这两把出土的椅子的造型、做法还是比较简单的，工艺还只是停留在结构与功能阶段。明代灯挂椅的造型、榫卯结构、线条的运用及制作工艺已达到非常完善的地步。

灯挂椅是靠背椅的一种形式，关于灯挂椅之名，据说其造型源自苏州地区挂在墙壁上的竹制油灯，灯挂的座托平，提梁高，灯挂椅因造型与之相似而得名。王世襄先生于 1980 年去苏州东山、西山实地调查，看到此种灯挂的实物，当地人称这种坐具曰"灯挂椅"或"挂灯椅"，这样就弄清了名称的来源。

宋　摹五代顾闳中《韩熙载夜宴图》中的靠背椅

搭脑

搭脑背面

民间留存的竹制灯挂油灯

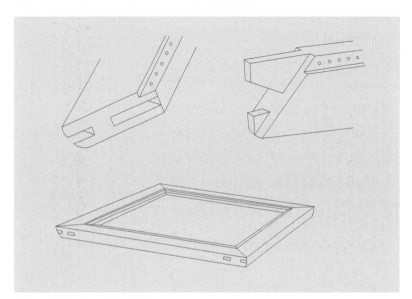

格角榫攒边（三角榫明榫）

背板纹理

背面牙板双榫构造

踏脚

牙板

柏木灯挂椅正面

2. 黄花梨灯挂椅一对

尺寸　高77厘米 宽52.5厘米 深43厘米
年代　明
产地　浙江桐乡濮院

这一对黄花梨灯挂椅立意极高，独具一格，清简中寓禅意，极工巧之事，简约中见巧思，卓尔不群，并臻妙品。

椅子为圆材所制，用料纤细，比例上比常见的灯挂椅宽而矮，背板平直宽大，中间镶嵌部分缺失，原来应为玉石镶嵌。坐面尺寸较大，直搭脑一木刻出三段相接状，中部硬折拱起，两端下降，两侧末端平切，做法别样新奇。

北宋　张先《十咏图》中的直搭脑出头靠背椅

椅面格角榫攒边，四框内缘踩边打眼造藤编软屉，藤屉后修。椅盘大边与抹头转角处为三角榫闷榫制作，边抹造出三叠式冰盘沿，类似须弥座中叠涩的做法，冰盘沿缩进较多，上端平做沿下打洼顺势起混面内缩至底压边线。线脚收放自如，干净利落，饱满圆浑，层次丰富，两侧边抹出榫。

椅盘下四面设一木整挖素刀牙，牙头和牙板内侧交接处挖出弧度，形成双交圈，牙头角位收圆，牙形丰腴，圆婉优美。腿足外圆内方，不起线，做法纯粹。管脚枨前后低，两侧高，脚踏枨下安素牙条。两侧及后面为扁圆管脚枨，脚踏枨上镶有铜片，足端包有铜套。

椅子造型光素，包浆熟旧，皮壳温润清雅，是一对设计感极强、艺术水准极高的明代黄花梨椅子。这应该是江南文人私人定制的家具，为黄花梨灯挂椅之孤例，形制高古，具宋元气息。制作年份应为嘉靖至明万历早中期，或者更早一些。

这对黄花梨灯挂椅是笔者多年魂牵梦绕的家具，不觉终日凝视，如今能将其写入书中，令人十分兴奋喜悦。

这对灯挂椅具形制与北宋张先《十咏图》中的直搭脑出头靠背椅比较相似，宋代靠背椅的椅背大多为平直造型。

黄花梨灯挂椅之一

黄花梨灯挂椅原始照片

黄花梨灯挂椅一对

3. 榉木灯挂椅

尺寸　高107厘米 宽50厘米 深39厘米
年代　明
产地　浙江绍兴

此灯挂弯搭脑中部隆起做出靠枕，靠枕两端削出棱角，顺势向两端过渡起翘后弯，两端平切，线条有律动，圆婉合度，搭脑做法非常个性化。

椅子背板光素，用银杏木制成，应是当时工匠特意为之。银杏木的柔韧性使椅子看起来更有弹性，背板为大"S"弯，弯度超乎寻常，曲线优美。这种大弯度需大料挖成，就座时椅背紧贴背部，坐感极佳。椅盘素混面，椅盘以下四面均装一木整挖的刀子牙板，牙板厚实，正面牙板起阳线。背部漆里厚披黑灰，软编藤屉（藤屉后修）。椅子通体髹朱漆，漆面部分自然脱落，露出榉木优美的鸡翅纹理，用料考究，杆纤细，木质风化自然，原始皮壳包浆。

此椅为明式苏式灯挂椅的标准造型，坐面以上为圆材，坐面以下外圆内方，四足外撇侧脚。管脚枨正面的踏脚枨最低，后面横枨次之，两侧横枨安装位置稍高，与步步高赶枨相比，从侧后面的角度来看，这种做法更显均衡。北方椅子管脚枨大多采用的是步步高赶枨做法：前面的踏脚最低，左右两侧的横枨次之，最后一根横枨最高。

此椅造型劲挺，光素无饰，气质儒雅，个性彰显，气韵生动，属于苏式明代椅子中的经典制式，可列为榉木灯挂椅之佳作。制作时间可入明。

榉木灯挂椅搭脑

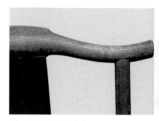

榉木灯挂椅局部

榉木灯挂椅底部漆里

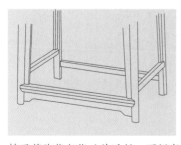

椅子管脚枨赶枨（前后低、两侧高）

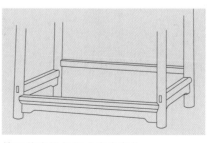

椅子管脚枨赶枨（步步高）

榉木灯挂椅

4. 柏木灯挂椅

尺寸　高111厘米 宽50.5厘米 深38.5厘米
年代　明末
产地　江苏常州

柏木灯挂椅侧面

带靠枕的搭脑

　　此灯挂椅在江南软木灯挂椅中属于较高的一例，搭脑为靠枕式，浅搭脑，搭脑中部隆起，顺势向两侧削出斜坡，末端上翘平切，弧线贯穿始终，线条顺畅优美。三弯"S"形素背板。

　　椅子髹朱砂漆，漆面较厚，背板上的朱砂漆因年代久远出现斑驳龟裂，肌理变化丰富，色泽沉稳，极具美感。椅面格角榫攒边[1]装心板，板面平镶。椅盘素混面，浑圆饱满，牙条造出壸门轮廓，弧线圆润富有弹性，是壸门牙板造型非常优美的一例。两侧立牙缺失，左右两侧和背面为素刀牙，牙子皆一木整挖。脚踏下牙条缺失，底部背布漆里批黑灰。

　　此椅为苏式灯挂椅最标准形制，造型高挑，比例匀称，朴实无华，气质优雅，具文人之风，属于柏木灯挂椅中非常优秀的一例。制作年份应为明。

壸门牙条

背板细图

[1]　格角榫攒边：四方形边框格角榫，边框内侧开槽，装心板四边造出榫舌，纳入边框内侧的四面槽口中，底部用穿带支撑，使薄板能当厚板用。这种做法通常在椅凳面、桌案面、柜门柜帮及绦环板等部位使用。

柏木灯挂椅正面

5. 榉木灯挂椅

尺寸　高111厘米　宽50.5厘米　深39厘米
年代　明末清初
产地　江苏苏州

　　此椅的搭脑为靠枕式，搭脑中部隆起，沿
两侧削出斜坡，两端微上翘平切，曲线贯穿始
终，线条舒缓流畅。背板为三弯"S"形素背
板。椅盘素混面，坐面为软屉，藤面缺失。现
在所见的状况是户家用了一块木板覆盖，需重
新编藤。坐面下为四面一木整挖素牙子，牙形
圆润饱满，线条流畅。管脚枨两侧横枨高，前
后之枨低，横枨、后枨制成椭圆形。脚踏下设
素牙条。

　　此椅为苏作灯挂椅中的标准器，用料充
裕，通体为鸡翅榉制成，纹理彰显。椅子造型
高挑，比例匀称，包浆熟旧，属于传世皮壳，
观感端然大方，朴实无华、气质优雅。

榉木灯挂椅搭脑

榉木灯挂椅

6. 榉木灯挂椅

尺寸　高100厘米 宽52厘米 深40.5厘米
年代　清初
产地　江苏苏州

榉木灯挂椅搭脑

此灯挂椅搭脑中部隆起,两端下降,出头
处两端挑起,两侧末端平切,搭脑造型呈罗锅
枨式,搭脑中部下端两侧挖出圆角,平做与背
板平接。椅背为三弯形,上端圆形开光,沿边
起阳线,内浮雕螭龙纹,形态饱满,刀法简
练。椅面为藤编软屉,藤屉后修。椅盘素混
面,正面设素券口牙子,沿边起阳线,立牙缺
失,两侧与背面为一木整挖刀牙板。脚踏下牙
条缺失,两侧、后面为椭圆管脚枨。椅子整体
稍有加固修整,四足有接。

椅子用料纤细,纹理彰显,背板纹理如行
云流水,造型简约,风格典雅,婉约动人。整
体风化自然,包浆熟旧,工料皆精。制作年份
可追到康熙或更早一些,在江南榉木灯挂椅中
属于较优秀的一例。

榉木灯挂椅正面

榉木灯挂椅背板纹饰

榉木灯挂椅原始照片

榉木灯挂椅侧面

7. 鸂鶒木四出头官帽椅

尺寸　高103厘米 宽64厘米 深49厘米
年代　明
产地　江苏太仓

　　此椅为四出头官帽椅的经典造型。搭脑舒展翼然，三弯式宽背板，坐面宽大，超出常见的官帽椅许多。

　　搭脑、扶手出头处皆为鳝鱼头式，搭脑中部微隆起做出靠枕，搭脑、扶手线条流畅，为三弯"S"形宽朝板。扶手下无联帮棍[1]，鹅脖与前腿非一木连做，而是退后安装，扶手下安托角牙。

　　椅坐面格角攒边，四框内缘踩边打眼造软屉，边抹素混面上下压线，大边与抹头转角处为三角榫明榫制作。椅盘以下四面均装券口牙子。四面均装券口牙子的做法并不多见，是很牢固的做法（仅后面的券口一立牙后配）。牙板沿边起阳线。椅子上装圆材，坐面下腿外圆内方压边线，正面的脚踏枨与后面的横枨低，两侧横枨高，枨皆制成扁圆形，踏脚枨下安素牙子，沿边起阳线，四足端有少许接腿。

　　椅子色泽浓郁，木纹绚丽，纹理纤密，如锦鸡彩羽。造型舒展，潇洒大方，气度不凡，工艺精湛，属于江南文人家具中的经典之作，可列为四出头官帽椅中最优秀的一例之一。造型风格与明万历王锡爵夫妇墓中出土的无联邦棍四出头官帽椅明器相似，因此我们至少可以把这把官帽椅的制作时间定在明万历中期之前。

　　官帽椅是由于形状像古代官吏所戴的帽子而得名，四出头官帽椅形同官帽，搭脑和扶手都出头，寓意"仕出"。四出头官帽椅可代表明式坐具中的最高级形式。

　　四出头官帽椅形制在古代家具中出现得较早，画例有以下几种：

---

[1] 联帮棍：或称镰刀把，是安在扶手正中下面的构件，下面入榫与坐面边抹相接，造型上细下粗，形如耗子尾巴。

明　万历王锡爵夫妇墓出土的无联帮棍四出头官帽椅

唐　莫高窟第9窟《讲经图》中的四出头官帽椅

五代　王齐翰《勘书图》中的四出头官帽椅（手绘图）

晚唐敦煌莫高窟第9窟中的髹黑漆四出头官帽椅，弓形搭脑，扶手向上弯拱，腿足四面有管脚枨，在同一个水平面结合。

五代王齐翰《勘书图》中的方材四出头官帽椅。

五代周文矩《琉璃堂人物图》中的粗木四出头官帽椅，出头弯蜷，靠背为弯拱单横枨式，扶手后高前低，出头处向内弯蜷，下无联帮棍，两侧与前面有管脚枨，侧枨安装位置较高，踏脚枨安装位置较低。人物趺坐其上，椅子尺寸很大。

宋佚名《萧翼赚兰亭图》中的绳床[1]，造型为四出头形制，搭脑为罗锅枨式，椅背平直，上面搭有席子，扶手下设有横枨，腿间四面有管脚枨，在同一个水平面结合，安装位置较高，老者趺坐其上。

在明代的版画刻本和绘画中则出现较多四出头官帽椅的画例。

最早的实例有山西大同金代阎德源墓出土的杏木四出头官帽椅明器，圆材制，搭脑与扶手平直，末端出头平切，背板微成弓形，两侧竖立材，外圆内方，中间嵌板，坐面整板。在与腿相交处伸出一段，前腿出明榫，后面纳入后腿。椅盘边抹素混面，下安一木整挖素刀牙，牙头小巧，前腿与鹅脖一木连做，四足间设管脚枨，在同一个水平面结合，安装位置较高。

五代　周文矩《琉璃堂人物图》中的四出头官帽椅

宋　佚名《萧翼赚兰亭图》中的绳床，造型为四出头形制

山西大同金代阎德源墓出土的杏木四出头官帽椅

明　崇祯版画刻本《金瓶梅》中的四出头官帽椅

[1] 绳床：粗木制作，上有草或藤缠绕的大椅子。

鸂鶒木四出头官帽椅

8. 黄花梨圈椅

尺寸　高 97.5 厘米　宽 59.5 厘米　深 45.5 厘米
年代　明
产地　山西

　　此椅的椅圈为五接圈，接头以榫卯相互交搭，并用木楔（楔丁榫）穿入其中。椅圈顺势而下，圆婉合度，扶手出头抱圆，前腿与扶手下的鹅脖一木连做，扶手与鹅脖之间装角牙，设有联帮棍，一挂式"C"形靠背板，浮雕如意形花卉一朵，内由朵云及双螭组成，形态饱满，雕刻精美，刀法遒劲，宛如琢玉。背板上部两侧用木条接出，制成壸门式轮廓，加强装饰趣味，与扶手下的托角牙子形成呼应。

　　椅盘以上为圆材，以下外圆内方，腿足侧脚明显。椅盘边抹造出冰盘沿，素混面内缩至底部压边线，线脚打洼，椅盘采用这种线脚工艺的做法非常少见。椅盘下正面为壸门式牙板，沿边起阳线，迎面牙条上浮雕蔓草纹，蔓草在壸门分心处交茎后向两边铺蜷，雕饰精美，线条圆劲有力、飘逸舒展，与背板纹饰形成呼应。侧牙板为券口牙子，腿间设步步高赶脚枨，脚踏枨上压有竹片，下设牙子，牙形较为方正。

　　椅子的造型端庄典雅，工艺细腻严谨，线脚干净利落，皮壳黝黑，隐泛红，油性足，包浆苍润醇厚，可列为明代黄花梨圈椅的经典实例。制作年份可入明。

　　圈椅之名是因圆形扶手与靠背连成一体形状如圈而来。宋人称之为"栲栳样"[1]，明《三才图会》[2]称之为"圆椅"，在宋画和明代版画刻本中则出现较多的圈椅画例。宋人仿唐代周昉的《挥扇仕女图》中出现了在月样杌子的基础上加椅圈，而成为圈椅样式的。此画中的圈椅是中国古代家具中最早出现的圈椅形象。

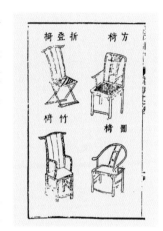

明　《三才图会》器用十二卷页四十右下的圆椅

明　弘治版画刻本《西厢记》中的圈椅

宋　佚名《会昌九老图》中的圈椅

---

[1]　栲栳样：用柳条或竹篾编成的大笭筐。圈椅古名是因其形似而得名。宋张端义《贵耳集》，据《丛书集成初编》本。
[2]　《三才图会》：明代学者与藏书家王圻（1530—1615）与其子王思义合编的插图类书，此书共一〇六卷，分十四类。包括天文、地理、器用、文史、人事、珍宝、鸟兽、草木等。

圈椅后背椅圈连接顺势而下，使用者的臂膀和肘部有所依托。椅圈造法有三接圈和五接圈之分，三接圈只有两处榫卯结合，须用较大较长的木料挖成，属于比较考究的做法。椅圈的榫卯采用极为巧妙的"楔丁榫"制作。圈椅由于椅圈较大，容易损坏，传世的明代圈椅完整保留的并不多，特别是制式优美、做工考究的明代圈椅的存世量非常少。

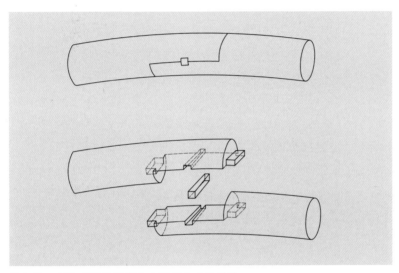

楔钉榫：两块弯弧材榫卯结合不露小舌的做法

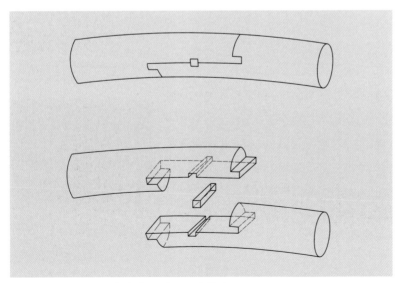

楔钉榫：两块弯弧材榫卯结合露小舌的做法

黄花梨圈椅正面

9. 榉木圈椅

尺寸　高 89 厘米 宽 59 厘米 深 47.5 厘米
年代　明
产地　江苏常州武进

此椅为三接椅圈，椅圈的用料、弧度、倾斜度皆匀称协调，造型光素。椅盘以上为圆材，以下外圆内方，扶手下和后腿皆安托长角牙，长角牙上端宽斜形沿下收窄落在椅面上，后腿左侧长角牙缺失。背板三攒式，攒框打槽装板，框架横材和竖材看面起剑背棱[1]线脚。上段落堂平镶，开光透光锼出海棠纹，上部中间出尖角，沿边起极细的阳线；中段平镶素板；下段落堂平镶，亮脚挖成马鞍形的空当，沿边起阳线。联邦棍弯曲弧度甚大，在坐面之上形成包裹之势。坐面为藤编软屉，屉面缺失。通体髹紫漆，漆面自然脱落，色泽古雅，有原始皮壳包浆。

椅盘边抹造出三叠式冰盘沿，上部平做，中间打洼顺势起混面内缩至底部压平线，层次感强，线脚处理富于变化。椅盘之下为壶门式券口牙子，牙条正中锼出为壶门拱尖，与背板上部海棠纹出尖交相呼应，沿边起阳线，线条优美，圆劲有力，具有律动且富有弹性，壶门牙板造型和线条是目前所见最好的一例。两侧为素券口，背面为刀牙板，正面、两侧立牙缺失，两侧后面管脚枨外圆内方，上下平做，前腿内侧压边线。踏脚枨下牙条缺失，四足有糟朽。

此椅风格端庄典雅，线脚利落明快，造型显得十分放松，气韵生动，在传世的明代榉木椅具中以此为第一。制作时间应在嘉万之际或更早一些。

榉木圈椅背板

榉木圈椅侧面

---

[1]　剑背棱：中间起棱，两旁成斜坡，形如宝剑。

榉木圈椅正面

10. 榉木朱漆高背南官帽椅

尺寸　高91.5厘米　宽55厘米　深43厘米　座高38厘米
年代　明
产地　浙江绍兴

此高背南官帽椅背板和牙子为银杏木，余榉木制成。搭脑与扶手为挖烟袋锅榫[1]，也称之为"盖帽榫"。搭脑呈弓形，两端耸肩，中部用料宽，依势向二端收窄，曲线流畅。搭脑迎面宽大，中部两侧起有两道棱线。背板为三弯式。椅盘边抹素混面，之下四面设素刀牙，牙形较为方正，不属于造型优美的牙子。椅子朱红漆面大多自然脱落，显出优美的榉木鸡翅纹，用料考究，杆纤细，风化自然，有原始皮壳包浆，藤面缺失。

椅盘高度比常见的明式椅子要矮大约三分之一，比较适合现代人生活，对今天的家具设计有参考价值。明清坐具中，坐面矮者甚少。

此椅纤巧俊秀、简约古朴，工艺细腻严谨，磨工精细，线脚干净利落，端然大雅，具儒雅之风，属于江南明式榉木南官帽椅中较优秀的一例。制作时间可入明。

搭脑、扶手不出头的官帽椅称之为"南官帽椅"，南官帽椅形制有矮靠背和高靠背两种。在宋代的绘画中未发现此类形制的南官帽椅，

[1]　圆材和方材角结合主要在南官帽椅、玫瑰椅的搭脑与后腿、扶手转角的结合，分别有两种做法：其一是挖烟袋锅，是将搭脑及扶手尽端造成转项之状，向下弯扣，断面凿出方形或长方形榫眼，与腿足上端的榫舌相交，形如挖烟袋锅；其二是45°斜切相交，两材尽端出榫相交。从结构上看挖烟袋锅要优于斜切45°的做法。

上海卢湾潘允徵夫妇墓出土的明万历朱漆高背官帽椅明器，为我们提供了高背南官帽椅的一种标准式样。

榉木矮南官帽椅

明　上海卢湾潘允徵夫妇墓出土的朱漆高背官帽椅

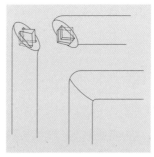
圆材斜接闷榫角结合示意图（出榫—单—双）

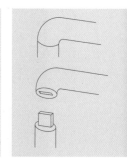
圆材挖烟袋锅榫卯结构示意图

榉木朱漆高背南官帽椅

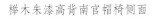

榉木朱漆高背南官帽椅侧面

11. 黄花梨高背南官帽椅

尺寸 高98厘米 宽48.5厘米 深47厘米
年代 明
产地 江苏泰州地区

　　此高背南官帽椅搭脑平直，扶手弯曲，曲直之间形成对比。搭脑与扶手皆挖烟袋锅榫，烟袋锅榫转折浑圆自如。搭脑与背板结合处的两边剜出小圆角，形成搭脑与背板的自然过渡，令观感趋于柔和。三弯式背板，尺度较宽，坐面之上的后腿呈三弯式，两者交相呼应。弯材构件需大料才能做出，大料小做，是明代常见的制器手法，以取得柔婉的效果。鹅脖退后安装，扶手下设有三弯式联帮棍。

　　此椅不群之处在于坐面儿近正方，使小尺寸的椅子看上去有大椅之感，做法标新立异。其设计理念蕴含了明人的智慧，坐面制成正方的椅子传世稀少。

　　椅盘边抹素混面，四面转角皆倒圆处理，做法纯粹简约，观感饱满。椅子的藤屉缺失，现为后编藤屉。椅盘之下四面设素刀牙，牙形修长，形制优美（这种牙形在泰州、泰兴为常见做法）。管脚枨前后低，两侧高，踏脚枨下设素牙条。

　　椅子为原始皮壳包浆，包浆温润如玉。椅子造型简约，工艺细腻严谨、纤巧俊秀、端然大雅，具文人之风，是一张特制的黄花梨高背南官帽椅。制作时间可入明。

黄花梨高背南官帽椅

12. 榉木高背南官帽椅

尺寸　高98厘米　宽54厘米　深41厘米
年代　明
产地　古徽州

此高背南官帽椅搭脑与扶手为挖烟袋锅榫，搭脑和扶手搭脑平直，扶手下为联帮棍，联帮棍旋出宝瓶形。

背板呈弓形样式，向后倾斜，从下端起越往上越向后弯出，一木刻出三攒式，做法十分罕见。上下部为落堂造法，上部开光，中间透雕云头纹，两侧为海棠纹。上部出尖形如壶门轮廓，纹饰重叠使用，较为复杂。沿边起阳线，线条干净利落，快劲有力。中部平镶，下部亮脚透雕卷云纹，亮脚的纹饰与宋佚名《罗汉图》中的扶手椅椅盘下牙子上的纹饰类似。

扶手与前腿一木连做，椅盘边抹造出三叠式冰盘沿，线脚利落。藤编软屉，藤面缺失，现为后编藤屉。椅盘之下四面设券口牙子，迎面牙条为壶门式，波折起伏，抑扬有致。两侧立牙挖缺做，中部雕饰花叶，这种立牙的做法在徽州、南通地区较为常见。管脚枨前后低，两侧高，两侧及后面管脚枨方材制，看面做成混面。踏脚枨下牙条缺失，左侧立牙后修，后腿有接。

此椅造型极具个性，线脚丰富，制式高古，制作时间可入明。

宋　佚名《罗汉图》（局部）

榉木高背南官帽椅正面

榉木高背南官帽椅正斜面

13. 黄花梨玫瑰椅

尺寸　高 86.5 厘米　宽 57 厘米　深 43 厘米
年代　明末清初
产地　山西

此玫瑰椅搭脑与扶手为挖烟袋锅榫，搭脑与扶手平直。靠背与扶手的空当内用牙条攒成券口牙子，牙条上雕饰圈草纹，迎面牙条浮雕双龙戏球，沿边起阳线（靠背券口的两侧立牙为后配）。椅盘上三面约两寸的位置施横枨，枨下有矮老，造出栏杆式，传世玫瑰椅中以这种做法最为常见。

椅盘造出冰盘沿线脚，下为券口牙子，沿边起阳线，壶门式牙条上浮雕蔓草纹，纹饰舒展飘逸，为椅子平添了妩媚之感。两侧管脚枨出明榫，踏脚枨上包镶铜皮，做法考究。

椅子造型正方，比例甚佳，上装矮，下装高，腿足侧脚明显，有原始皮壳包浆。制作时间至少在康熙之前，可视为传世玫瑰椅的经典范例。

玫瑰椅的名称叫法已无法考证，玫瑰椅造型特点是靠背和扶手都比较矮，两者的高度相差不大，后腿及扶手下的前腿也是直的。整体呈方正的结体形式，秀气端庄，其形制承接了宋式椅子的造型。

从玫瑰椅的形制中一眼就能看出与宋椅中"折背样"的渊源关系，使我们能十分清楚地看到由宋到明的演进过程。在宋画和明代绘画中可常见此形制的坐具。中国高形家具发展到唐、五代时，处于低形家具到高形家具的转型期，出现了一些新的家具品种。唐李匡文所著

的《资暇集》中记载："承床。近者绳床[1]，皆短其倚衡[2]，曰'折背样'。言高不及背之半，倚必将仰，脊不遑纵，亦有中贵人创意也。盖防至尊赐坐，虽居私第，不敢傲逸其体，常习恭敬之仪。士人家不穷其意，往往取样而制，不亦乖乎。"[3] 折背样或许指的就是靠背较低的造型方正的椅子。在传世的宋画中也可以看到造型平直的椅子，应是《资暇集》中所说的折背样。这些折背样的椅子，频频出现在文人雅集上，说明当时这种形制的家具非常受文人雅士的喜爱，并在这一社会阶层中流行，这种趋势一直延续到明代。

玫瑰椅是各种椅子中较小的一种，明式的玫瑰椅通常用材单细，造型简约，大多以黄花梨为材制成，也有用乌木、𬇕鹋木（鸡翅木）和铁梨木的，用紫檀、榉木的较少。玫瑰椅虽然造型优美，观赏效果极佳，但也有缺憾，就座时搭脑正当后背，倚靠需正襟危坐，舒适性不佳，其观赏效果大于实用价值。

（传）宋　佚名《十八学士图》中的折背椅　　明　仇英《人物故事图》（局部）

[1] 绳床：椅子。
[2] 倚衡：椅子的搭脑。
[3] 李匡文：《资暇集》卷下"承床"，辑入《唐宋史料笔记丛刊》，中华书局，2012 年。

黄花梨玫瑰椅

14. 乌木玫瑰椅

尺寸 高86.5厘米 宽60厘米 深48厘米
年代 清初
产地 不明

　　此玫瑰椅在同类中属于尺寸较大的一例，造型硬朗，搭脑与扶手为挖烟袋锅榫。靠背的空当内用牙条攒成券口牙子，牙子上雕有叶形纹饰，沿边起阳线。坐面上三面施横枨，枨下有矮老，造出栏杆式，坐面上保留了原细藤，体藤极细，据说这种工艺已失传。椅盘造出冰盘沿线脚，内缩至底部压边线，从整体比例上看，冰盘用料略显单薄，牙子稍显肥大。椅盘下四面为素刀牙，两侧刀牙有缺失，管脚枨为步步高式赶枨，下设有素牙条。

　　此椅质地坚硬，色泽乌黑如铁，器形清朗简素，气质儒雅。造型正方，有原始皮壳包浆。乌木制家具存世量甚少，乌木玫瑰椅存世极罕，此椅可视为传世玫瑰椅的经典范例。制作时间约在康熙年间。

乌木玫瑰椅

15. 柘木直后背小交椅

尺寸　高 63.3 厘米　宽 38.8 厘米　深 33.6 厘米　座高 33.6 厘米
年份　明末
产地　安徽休宁

　　宋代出现的交椅的设计来源是在马扎的基础上加一个靠背、两个扶手，就变成了交椅的形象，是继胡床之后的另一种坐具。交椅有直背和圆背两种。圆背交椅是显示身份地位的坐具，故有"第一把交椅"之称。交椅最早的形制出现在北宋张择端《清明上河图》画卷中的赵太丞的药铺中，柜前有一把直搭脑、横向靠背的交椅。宋画《春游晚归图》画中绘有队列中一侍者背扛黑漆交椅，圆形椅圈，上有附加的荷叶托首，背板攒框。宋画《蕉阴击球图》中的交椅，为圆形椅圈，背板为三攒式，藤编坐屉，可折叠结构。交椅在元、明时期较为流行。明代的躺椅也有采用交椅形式的，并有"醉翁椅"之称，画例有《三才图绘》和仇英《桐荫昼静图》等。实例有榉木交椅式躺椅和黄花梨交椅式躺椅。明代中晚期约有十余张黄花梨交椅留存至今，江南用软木制的交椅并不常见，北方有少量的大漆交椅留存，至清代则逐渐消失。

　　此交椅属于尺寸较小的一例，为单靠背固定形式，不能折叠。通体光素无饰，腿足为圆材，两足相交处为了加强结构的牢固度，断面稍加粗，用方材，采用裁榫结构，后足在椅盘下也采用加宽的方材，起支承作用。直搭脑为挖烟袋锅榫，下扣与腿足相交，"C"形背板，精细取料，山水纹理明显。坐面采用板面攒框，宽边内外大圆角做法，镶楠木虎皮瘿。底部为十字穿带。椅盘素混面。

　　此椅质地坚硬，用料充裕，器形清朗简素、质朴无文。原始皮壳包浆。柘木制家具存世量甚少，此椅 2013 年出自安徽休宁地区，可视为传世交椅的另一种形制。制作时间可入明。

　　柘木又名桑柘木，桑科植物，油性大，纹理细密，为我国历史上名贵木料。历史文献有过记载，元末明初陶宗仪《南村辍耕录》记录调色方法：柘木交椅，用粉檀子土黄烟墨合。

北宋　张择端《清明上河图》中的直搭脑交椅

宋　佚名《春游晚归图》中的黑漆交椅

黄花梨榉木交椅式躺椅

子板

坐面

柘木直后背小交椅

三　桌案

1. 黄花梨有束腰霸王枨香桌

尺寸　长78厘米 宽33.5厘米 高76厘米
年代　明末清初
产地　江苏泰州

　　桌的结体结构是足在四角。此桌尺寸较小，属于香几制式的一种。面格角榫攒边打槽装心板，平地浅束腰，霸王枨上承穿带，下与腿相交，三叠式冰盘沿上舒下敛，上端平做，中部打洼顺势起混面内缩至底压边线，线脚工艺娴熟，两侧边抹出明榫。方腿直落，自上而下收窄，内翻浅马蹄，腿形优美。浅马蹄俗称"塌马蹄"，塌马蹄的形制在苏北地区较为常见。束腰与牙板一木连做，牙板平做沿边倒圆，牙板与腿足内侧为双交圈造法。腿上端出棕角尖纳入桌子底部，在苏式家具中，南通、泰州、扬州地区常见此做法。

元　佚名《竹林燕居图》中的四面平霸王枨大桌

　　此桌造型优美，构架硬朗，光素质朴，霸王枨采用圆材制成，弯度很大，曲线优美。圆材霸王枨亦是苏北地区特色做法，苏南地区的霸王枨通常是上下削平，两侧做出混面。整器包浆熟旧，皮壳老辣，足端因长期受到地气侵蚀，自然发白，自下向上由浅变深自然过渡，显得放松自然。

明　天启版画刻本《彩笔情辞》中的有束腰霸王枨香桌

　　此桌造型优美，构架硬朗，光素质朴，工艺考究，打磨精细，属明式家具中的经典器形，制作时间大约在万历中晚期。

　　霸王枨构件用于桌面底部穿带位置与腿足上部位置的连接，在桌面受力时，力量通过霸王枨卸至腿足上，从而增加了桌子的稳固性，充分表现明式家具集力学与美学于一身的设计理念。元代绘画《竹林燕居图》中出现一例霸王枨大桌，桌高度偏低，四面平无束腰霸王枨马蹄腿形制，是目前已知在中国古代家具中最早出现的具此类构件造型桌子的画例，其在明代画作中则较为常见。

黄花梨有束腰霸王枨香桌局部

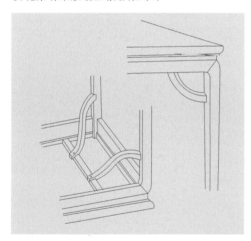

霸王枨结构示意图

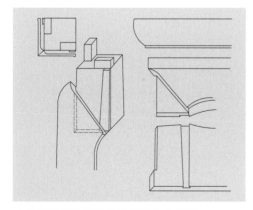

有束腰家具抱肩榫的榫卯结构示意图

黄花梨有束腰霸王枨香桌

2. 黄花梨无束腰罗锅枨长方桌

尺寸　长122厘米 宽56厘米 高88厘米
年代　明末清初
产地　江苏泰州

　　此桌为方材直足内翻马蹄造型，无束腰，足间安罗锅枨。桌面稍稍喷出作带帽状，冰盘沿内素至底部压边线，冰盘与边抹两处出明榫，这种做法在苏北地区和北方地区较为常见，江南桌、案通常是冰盘沿不出榫，两侧边抹出榫的做法。

　　桌面之下皆为平面做法，素牙板，牙板下设罗锅枨，罗锅枨与腿平接，采用齐头碰[1]做法，罗锅枨起势稍出，即刻弯拱向上半出，牙板与腿内侧交圈。方腿直落内翻小马蹄，小马蹄内翻兜转较多，棱角分明，极具力度，马蹄造型略呈扁方。

　　此桌比例匀称，造型简约，见棱见角，做工硬朗，骨架清秀，形制古拙，包浆熟旧。

　　罗锅枨形制早在晚唐莫高窟第9窟《讲经图》中的髹黑漆四出头官帽椅中出现，弓形搭脑，形如罗锅枨。罗锅枨形制的桌子至少在五代已经出现，画例有五代周文矩《十八学士图》中带罗锅枨的桌子。宋画中出现较多罗锅枨的画例，如南宋《五百罗汉图》中绘有一张罗锅枨加卡子花的长方桌。

五代　周文矩《十八学士图》中带罗锅枨的桌子

南宋　《五百罗汉图》中的罗锅枨长方桌

黄花梨无束腰罗锅枨长方桌局部

---

[1] 齐头碰：也称"齐肩膀"，两根木材丁字形结合，横枨出直榫与竖材平接。

黄花梨无束腰罗锅枨长方桌

3. 柏木有束腰顶牙罗锅枨半桌（腿足糟朽）

尺寸　长92厘米 宽46厘米 高76厘米

年代　明末清初

产地　江苏常熟

此半桌为有束腰罗锅枨马蹄腿结体，方材制，看面皆平面造法，面板两拼，平地浅束腰，罗锅枨与腿相交，采用齐头碰做法。边抹立面平直，看似一刀切，平面边抹使得桌面看上去有梗面的感觉。在宋代家具中，平面边抹的做法最为常见。

牙板下设顶牙罗锅枨，罗锅枨为榉木，柏木与榉木混做，是江南早期明式家具常见制作手法之一。罗锅枨转折顺畅，牙板与腿内侧为双交圈做法，底部背布漆里[1]厚披黑灰，漆灰完整保存，马蹄糟朽。

边抹及顶牙罗锅枨

此半桌形制古拙，造型饱满，用料扎实，用高密度柏木制成，木质温润细腻。通体髹紫漆，表面漆层基本脱落，皮色俱佳，包浆润泽。尺寸比常见的半桌要小，可视为香桌制式，具早古代家具特征，年份在清康熙之前。

"半桌"之名，是指尺寸为方桌的一半，通常是成对制作，可合二为一当方桌使用，又有"接桌"的叫法。明文震亨《长物志》中记述明代江南地区的桌子有"书桌""壁桌""方桌"三种形式，这是根据桌子使用功能的不同来划分的。

底部漆里厚批黑灰

---

[1]　漆里：明代及清早期的家具制作一般都十分考究，通常在家具的背面都做背布底灰，也就是"漆里"工艺。制作方法是先用漆灰填缝，再上漆灰、糊织物或麻丝，再上漆灰，最后上色，每一道工序次数或多或少，并不一致。明代至清前往往批灰较厚，到了清中期之后，批灰渐薄，之后就不做批灰了。随着工艺的简化，传统家具也走向没落。家具漆里工艺是古代工匠的智慧结晶，实木家具遇热胀冷缩时，容易开裂、走形，有了漆里，家具就得到了很好的保护。通俗地讲，就是在春天气候湿润的时候，漆里能吸收水分；到了冬天气候干燥，漆里的水分会自然散发，保持家具的稳定。笔者曾见江南明代建筑的柱子、隔扇门也都批厚灰，属于考究的做法。

漆里的材料有生漆、麻布或苎麻、土或砖灰（调漆灰用）、熟漆（调色漆用）及各种颜料。家具的漆里以黑色为主，也有朱红、褐色、黄、暗绿等多种。

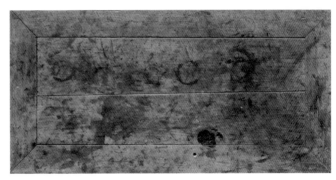

面板

柏木有束腰顶牙罗锅枨半桌正面

4. 黄花梨无束腰罗锅枨加矮老方桌

尺寸　长 81.5 厘米 宽 81.5 厘米 高 80.5 厘米
年代　明末
产地　江苏泰兴

此桌在方桌中属于尺寸较小的一例，尺度约容四人就座，俗称"四仙桌"，四仙桌大多用于品茶弈棋，存世量比八仙桌要少。

此桌桌面喷出，装心板为独板桦木瘿，冰盘沿素混面，底部压边线，两侧明榫。圆腿直落，设有高拱罗锅枨加矮老，矮老每一面二组，罗锅枨采用大格肩圆材丁字榫结合[1]，做成飘肩，罗锅枨造型律动富有弹性，弧线节奏感极强。

桌子用料纤细，磨工精湛，精工细做，格调清雅不俗，清丽动人，干黄白皮壳，色泽淡雅，包浆温润，呈清水皮壳。其在同类器形中出类拔萃，制作时间可入明。清宫旧藏明黄花梨方桌，造型与此桌类似，为苏州地区的做法，造型较为呆板，形制远不如此桌灵动秀美。

最早的桌子的"桌"字写作"卓"，有卓然而立的意思。作为高形家具的代表之一的桌子，出现在隋唐之际。方桌迄今最早的画例为晚唐敦煌莫高窟第 85 窟《楞伽经变》壁画《屠师图》中的两例方桌，两张方桌形制一样，无枨、无束腰，四角各有一腿，造型简单，无任何装饰。从画中的屠夫站立的比例来看，桌高在 80 厘米左右，与之后的方桌高度基本一致。至宋代，桌形家具有了很大的发展，在宋画中随处可见。

方桌无束腰桌子常见形式有直腿，罗锅枨或直枨加矮老的造法，直枨加矮老的方桌形制在辽代墓壁画中就有画例。

方桌常见的造型有无束腰直足样式与有束腰马蹄足样式，有束腰桌子常见形式是方腿有马蹄腿，通常是牙条下加罗锅枨或直枨，枨子有加矮老或不加矮老的做法。无束腰桌子常见的造法是圆腿，直足有直枨和罗锅枨的做法，罗锅枨加矮老或不加矮老。还有一种有束腰方桌子造法是不用直枨或罗锅枨，通常是用霸王枨来加强桌子的结构。

方桌是古代家居使用最广泛的器物之一，有大、中、小三种尺寸。尺寸大约在 91 厘米见方，八个人可以围坐，称"八仙桌"，约 81~88 厘米见方称"六仙桌"，约 77 厘米见方的称"四仙桌"。也有尺寸特大与特小的方桌，这种特制的尺寸方桌存世量很少，且制作年份较早。方桌用途非常广泛，可贴墙、靠窗，或贴着长条桌案摆放，或居于室内中间，配上凳、坐墩、椅子使用，是古时家用必备之物。

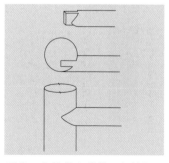

圆材丁字榫榫卯结构：竖材粗，
横材细，外侧与腿交圈

---

[1]　圆材丁字榫榫卯结构：竖材粗，横材细，外侧交圈。

黄花梨无束腰罗锅枨加矮老方桌

清　清宫旧藏明黄花梨方桌

唐　敦煌莫高窟第85窟《楞伽经变》中的方桌

山西大同卧虎沟辽代墓壁画中直枨加矮老桌子（线描图）

5. 榉木有束腰霸王枨方桌

尺寸　长91厘米 宽91厘米 高81厘米
年代　清早中期
产地　江苏苏州

苏州东山榉木霸王枨方桌最大的特点是腿
肩和束腰格角连成一体，并与桌面底部结合。

此桌为标准的东山霸王枨方桌制式，冰盘
沿素混面，底部压边线。浅束腰连同腿足上端
打洼，束腰牙板一木连做，牙板与腿足内侧以
阳线双交，腿足向下收窄，足端内翻马蹄，马
蹄兜转。

面心板两拼，取榉木心材，盘根错节，纹
理优美，色泽沉稳，包浆老辣。桌子造型优
美，骨骼秀丽，壮硕沉稳，历经数百年仍纹丝
不动，足以证明其结构的合理性，在同类器物
中属比较优秀的一例，制作时间大约在乾隆
早期。

霸王枨桌子制作的时间跨度很大，基本是
以榉木为材，以苏州东山制作的数量为多，属
苏州东山的经典器物，亦有一定数量的黄花梨
及柏木制品。

霸王枨形制的家具在元代出现，从明代开
始制作，一直延续到清末。清式的霸王枨桌子
与明式霸王枨桌子在造型上有较大的区别：清
式霸王枨桌子牙板有膛肚，中间一段饰卷珠
纹，束腰上有鱼门洞或做成堆土式，霸王枨弯
度较小，气质与明式霸王枨结体的家具不可同
日而语。

桌面纹理

底部漆里

榉木霸王枨方桌

6. 柏木夹头榫素刀牙平头案

尺寸　长 218 厘米 宽 61 厘米 高 76 厘米
年代　明
产地　江苏无锡

圆腿刀牙形制的平头案在宋代已大量出现在绘画作品中，说明其在宋代已成定式，明中晚期所制的平头案有大量的实例留存至今。

此柏木平头案为梁架结构，圆腿素刀牙夹头榫造型，宽边大喷面，长吊头[1]。面格角攒框打槽装心板，面板三拼。柏木无大料，用作装心板的面板三拼、四拼、五拼的案子较为常见，二拼非常少见，独板制作的柏木案子很难见到，所见柏木独面大多用银杏木制作。

边抹为三叠式冰盘沿，冰盘沿缩进较多，上端平做，沿边倒棱，沿下打洼顺势起混面内缩至底压边线，线脚收放自如，饱满浑厚（有肉肉的感觉），两侧边抹出明榫。牙头和牙条结合处内侧大挖弧线，形成双交圈，八字刀牙，牙形修长，牙头角位收圆，线条流畅，牙形优美。腿形略呈扁圆，侧脚，两侧横枨扁圆，底部平做。案子的腿足有糟杮，足端完全发白。

此案气息高古，造型壮硕，用料充裕，皮壳老辣凝重，包浆层次丰富，原紫漆略有残留，整体风化程度很高，显得古朴沧桑，古制荡然，具有扑面而来的明式家具气息，具雕塑般的气质，是一件尺寸较大、制作年代较早、

形制经典的苏式平头案。制作年份可追到明万历早期乃至更早一些。

圆腿夹头榫结构的平头案：案形结体家具，腿足缩进带吊头，并在腿足上端开通槽嵌夹牙条和牙头，足上端出双榫与案面底部结合，其设计来自中国传统建筑大木梁结构。传世的明式夹头榫平头案以圆腿刀牙造型最为经典。

夹头榫平头案的冰盘、牙头、腿形变化较多。冰盘沿的做法有素混面、二叠和三叠的造型形式，牙头的造型有刀牙、云头、凤头、龙头、花牙等形式，腿足有圆腿、扁圆腿、外圆内方中间起线、瓜棱腿等形式。

夹头榫刀牙平头案的牙头与牙条的结合做法有 ·木整挖、上下平接、斜接（八字刀牙）三种方式，牙子一木整挖的年份最早，平接比斜接的产生要早。牙头的造型会随着时间的推移而发生变化，早年份的牙头短小，往后逐渐变得修长，到了清中期后趋于肥大方楞。

夹头榫案子分平头案和翘头案二种形式。最常见的做法是面板攒框打槽装心板；另一种是用厚面，也就是用整块木材制成，通常称"梗面"。梗面以翘头案的制式为多，考究的做法是两侧另拍抹头，利用翘头包住厚板截面的粗糙的断纹。另外，还有一种夹头榫案子是两侧有挡板带托子。

夹头榫平头案有书案、画案之别，它是以案面的宽窄而定的，现在通常把案面宽度少于63 厘米的称书案，宽度在 63 厘米以上称画案，画案存世量远少于书案。宽度在 60 厘米以上的平头案存世量很少，目前存世的平头案以宽度在 57 厘米左右的为多。

---

[1]　吊头：案形家具，腿足缩进安装，案面喷出，在腿足之外的部分称吊头。

明 《鲁班经匠家镜》版
画图中的平头案

明 版画刻本《琵琶记》
中的平头案

冰盘沿及牙头

柏木夹头榫素刀牙平头案正面

柏木夹头榫素刀牙平头案正斜面

7. 黄花梨瘿木面夹头榫素刀牙小书案

尺寸　长110厘米 宽57厘米 高76厘米
年代　明
产地　江苏苏州

动，天然绚丽，散发出奕奕动人的神采。整体木质风化自然，原始皮壳包浆，皮壳沉稳老辣，包浆层次丰富。造型稳健隽秀，制式优美，极工之事，卓然而立，具文人之风。属于一件立意和艺术水准极高、个性彰显的早年份私人定制的黄花梨家具，堪称佳制，其制作时间应在嘉万之际。

此案子为圆腿夹头榫结构，直牙条，素刀牙。案面格角榫攒框打槽装心板，装心板为精选楠木瘿，案面楠木瘿与黄花梨边框因历代久远，包浆凝脂，已浑然一体，边框内外倒成圆角，圆角做法使得大边耗材增加。明曹昭所著的《格古要论》认为，以楠木满架葡萄镶嵌的家具为上品。

其面板甚厚，冰盘沿处理手法极其精彩，素混面上舒下敛，顺势而下至底部起碗口线，线脚若有若无，假有形于无形，是目前所见最优秀的一例之一。古代匠师的娴熟技艺，不禁令人叫绝。

大边与抹头的立面相交处用圆角做法，两侧边抹出明榫，之下的堵头后配。牙头与牙板内侧为双交圈造法，牙头角位收圆，线条流畅，牙头较短，造型圆婉丰腴，牙形优美。

圆腿外挓，侧脚明显，两腿间仅设一根罗锅枨，制成圆形，磨制精细，独枨悬空而立。独枨做法的实例有江苏江阴瑞昌市北宋孙四娘子墓出土的木案，大同金代阎德源墓出土的矮木案，在宋画和明代绘画中也能见到独枨的画例。明代实用家具中用独侧枨的做法则较为少见。

此案用料极考究，质地坚硬，花纹自然流

江苏江阴瑞昌市北宋孙四娘子墓出土的木案

北宋　砖雕《妇女剖鱼图》中的独枨案子

明　版画刻本《占花魁》中的独枨罗锅式平头案

明　仇英《山水人物图》的罗锅式独枨琴桌

宋韵明风——宋明家具形制与风格

154

黄花梨夹头榫素刀牙小书案

冰盘沿及牙头

8. 柏木夹头榫素刀牙平头案（天启款）

尺寸　长181厘米 宽56厘米 高80厘米
年代　明
产地　江苏无锡

此柏木平头案全身光素，面板三拼。边抹造出三段式冰盘沿，上
端平做，沿下打洼顺势起混面内缩，至底压边线，两侧边抹出明榫，
堵头缺失。牙条与牙头上下一字平接，牙头角位收圆，曲线较为顺
畅，长吊头。腿形略呈扁圆，两边横枨扁圆，底部平做，两侧堵头缺
失，底部灰皮基本脱落。

底部抹头上的款识

整器比例匀称，做工中规中矩，质朴简练，为标准的明式造型。
案子造型略显单薄呆板，漆面为后刷漆，需做褪漆处理。腿足约在清
代接过，接法较为考究。

关于此案腿足，原案子腿足糟朽，接腿的足端部分也已风化，应
该是清代老接。腿的接法采用圈椅楔钉榫造法。楔钉榫的做法是将两
片木头合掌式交搭，两片木头榫头尽端各有小舌，小舌入槽后就能紧
贴在一起，使它们不会上下移动；再于搭口中部凿出长方孔，将一枚
断面为长方形头粗尾细的楔钉纳入其中，使两片榫头左右与上下不能
拉开，于是连成一体。

边抹及牙头

柏木夹头榫素刀牙平头案正面

底部漆里

柏木夹头榫素刀牙平头案正斜面

9. 榉木夹头榫素刀牙带抽屉书案
（腿足糟朽）

尺寸　长 220 厘米 宽 60 厘米 高 72 厘米
年代　明
产地　江苏无锡

　　此案以榉木为材，尺寸硕大，方腿夹头榫素刀牙结构，装心板独板，长牙条中安暗抽屉两具，为标准的书案形制，抽屉已缺失。

　　案子的边抹为三叠式冰盘沿。中上部打洼，顺势起混面内缩至底压边线，两侧边抹出明榫，牙头与牙条间挖出双交圈弧线，八字刀牙，牙形较修长，牙头角位收圆，反面为揣揣榫构造形式。方腿打洼起委角线，侧脚收分，挓度明显。两腿间安两根方形梯枨，案子底部织物上批厚灰，漆灰部分基本脱落。

　　案子为原始皮壳包浆，色泽淡雅，木质已风化，肌理丰富，造型素朴稳健，平淡耐看，形制优美，属江南材美工精的书案。制作年份在万历中期之前。

榉木夹头榫素刀牙带抽屉书案局部

榉木夹头榫素刀牙带抽屉书案正面

榉木夹头榫素刀牙带抽屉书案正斜面

10. 榉木夹头榫素刀牙大画案

尺寸　长 200 厘米 宽 96 厘米 高 76 厘米
年代　明中期
产地　江苏泰州

　　此榉木大画案为圆腿素刀牙夹头榫结构，全身光素，喷面，面挺为窄边格角攒框打槽装心板，装心板两拼，案面残破，一侧长牙条后配，一侧堵头后配，腿足有糟朽。

　　案子冰盘沿素混面内缩至底部压边线，边抹闷榫制作。八字刀牙，牙子为大交圈，牙头角位收较多，具早期明式家具造型特点。牙头反面做成双插榫，亦称揣揣榫。腿形呈扁圆，侧脚明显，两侧横枨扁圆。底部穿带横向六根、纵向两根，横向穿带用料甚厚，底部做成混面，两端削平与大边齐平入榫，用双竹钉固定，底部厚批红灰，漆灰基本脱落。

　　此画案在横枨与腿的榫卯结合处做法很独特，具体做法是：其一是横枨整体入榫在腿上；其二是横枨顶端再出双榫，伸出榫舌纳入腿足中，做法十分罕见。明式家具的精美之处就是匠师们在细节上下足了功夫，使案子历经四百多年仍然纹丝不动。

　　此画案尺寸硕大，腿足壮硕，用料充裕，木质极旧，肌理丰富，皮壳干白，包浆老辣凝重，原紫漆已自然褪尽。整体风化程度很高，起木筋，出现如大象皮般的褶皱，气息高古，具有扑面而来的明式家具气息，拙朴厚拙，具壮硕之美，极具震撼力。笔者所见榉木画案以此为第一，是苏式画案中的经典范例。制作年代可到明中期。

　　文震亨《长物志》卷六对画案有较详细的描述："天然几，以文木如花梨、铁梨、香楠等木为之，第以阔大为贵，长不可过八尺，厚不可过五寸，飞角处不可太尖，须平圆，乃古式。照倭几下有拖尾者更奇，不可用四足如书桌式……近时所制近狭而长者最可厌。"文震亨记述了对当时的画案形制的规定，要求画案必须要宽，不能太长，有带托子的更好，而且是案形结体，不是桌形结体。

榉木夹头榫素刀牙大画案底部

榉木夹头榫素刀牙大画案侧斜面

榉木夹头榫素刀牙大画案正面

11. 榉木夹头榫梗面翘头案

尺寸　长230厘米 宽57厘米 高76厘米
年代　明
产地　江苏苏州

此案为夹头榫结构，面板为厚面独板，厚板拍抹头[1]，翘头与抹头一木连做，翘头倾斜上扬后回卷。圆腿侧脚，腿上端开通槽嵌夹素刀子。长吊头，牙板与牙头上下平接，牙板厚实，观感饱满浑厚，牙子厚度达到2.7厘米，常见的牙子厚度约在1.7厘米。牙头削进，角位大收圆，线条流畅。冰盘沿上舒下敛，素混面不起线脚，两侧带翘头的边抹闷榫打凹。

此案有一处特殊的榫卯结构做法，就是在腿内侧上端与牙头一样长度的位置平做，两侧制成斜面，用料大于圆腿的直径，用加大榫舌纳入案面底部，使案子的牢固度大大增加。两侧横枨扁圆，底部平做。腿形略呈扁圆，腿足有糟朽，足端自然发白。

此案造型敦厚饱满、质朴无华，整体风化程度较高，色泽淡雅，干皮壳发白，包浆苍茫，是一件尺寸较大、制作年代较早、造型优美的苏作翘头案，制作年份可追到明万历中期。

翘头与边抹一木连做

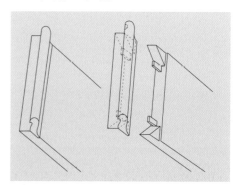

厚板拍抹头：翘头与抹头一木连做（榫卯结构示意图）

腿足内侧上端方材与案面结合

---

[1] 独板做面板的翘头案，翘头与边抹一木连做，为的是不使纵端的断面木纹外露，并防止开裂，多拼一条用直木造成抹头。采用格角相交的做法，即在厚板的纵端格角并留透榫或半榫，在抹头上也格角并凿出透眼或半眼。

榉木夹头榫梗面翘头案正面

榉木夹头榫梗面翘头案侧斜面

12. 榉木夹头榫素团龙纹带托子翘头案

尺寸　长167厘米 宽56厘米 高81厘米
年代　明
产地　江苏无锡荡口

　　此案为方腿夹头榫结构，案面独板，厚板拍抹头，两侧抹头与翘头一木连做，翘头倾斜上扬，雕出回卷纹饰，两侧边抹出明榫。边抹造出冰盘沿，起混面内缩至底压边线。腿外圆内方，正面起"一炷香"线，两侧压边线，牙条牙头沿边起阳线，牙头方正，角位为委角做法。两侧挡板为两段式，上部开光，透雕海棠纹，下部圆形开光，沿边起饱满的阳线，内镂雕螭龙，双面工，螭龙周身皆做成混面，刀法遒劲自如、干脆利落，观感饱满，龙纹更像兽，具明式家具气息，下端设托子。

　　案子形制古拙，体量感极强，皮壳干白，木质风化起木筋，紫漆自然脱落，斑驳自然，包浆层次丰富。整体风化程度很高，是一件制作年代较早、造型古朴而厚拙的苏式翘头案。制作年份可入明。

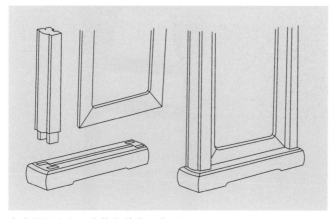

条案腿足与托子的榫卯结构示意图

侧面挡板与托子

榉木夹头榫素团龙纹带托子翘头案

边抹及牙板

13. 黄花梨夹头榫大喷面素刀牙小条案

尺寸　长 105 厘米　宽 43 厘米　高 80.5 厘米
年代　清初
产地　山东泰州

此案出自山东，为运河沿岸制品，典型苏作。

此案子的特点是牙板和腿缩进较多，形成大喷面，喷面达 5.2 厘米。圆腿素刀牙夹头榫结构，足间设双横枨，装心板独板。三叠式冰盘沿上舒下敛，线脚工艺娴熟，两侧边抹出明榫。牙子一木整挖，牙子造型偏宽，这是明式家具年份偏晚的表现。牙头和牙板内侧双交圈，素牙头窄而修长，牙头角位收圆。圆腿直落，侧脚，腿纤细，腿直径只有 4.2 厘米，在平头案中属于很细的腿形。

案子用料考究，质地坚硬。整体呈枣红色，包浆醇厚，色泽艳丽，属于北方家具特有的油皮壳，与江南色泽淡雅、色黄微赤、温润的皮壳形成鲜明的对比。

此案的尺寸比例与琴桌相似，或为琴案。制作时间约在乾隆早期。

南宋　刘松年《松引鸣琴图》中的琴案

底部

黄花梨夹头榫大喷面素刀牙小条案

边抹、牙板

侧面

14. 黄花梨绿石面夹头榫素刀牙小案

尺寸　长105厘米 宽73厘米 高78厘米
年代　明末
产地　江苏无锡

　　此案子为圆腿刀牙夹头榫结构，圆腿直落，四腿外撇，侧脚收分明显，直牙条，素刀牙。面心镶宝玉般的绿石，宛如山峦坡石，空蒙缭绕。明代石面家具存世并不多，十分难得，在宋画中则出现较多镶石面的家具。

　　案面较厚，边抹为三叠式冰盘沿，上端平做，沿边倒棱，观感趋于柔和，沿下打洼顺势起混面内缩至底压边线，线脚收放自如、干净利落、饱满圆厚（有"肉肉"的感觉），两侧边抹出榫。牙头和牙子上下一字平接，内侧交接处挖成双交圈。牙头角位收圆，线条流畅，牙形优美。腿间设扁圆双，下枨凿出方木，采用勾挂垫榫[1]做法。采用勾挂垫榫做法的桌案存世并不多，属于非常考究的做法。

　　案子制式崇古，造型清简俊秀，质朴简练，色泽淡雅，皮壳清新宜人，工料俱佳，气质高雅，具文人之风。具明末标准化、制式化的形制特征。

宋　佚名《蕉阴击球图》中的带顺枨平头案，面疑似为漆板

绿石面

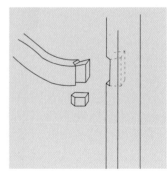

勾挂垫榫结构示意图

[1]　勾挂垫榫：枨子榫头向上勾，造成半个银锭形，腿足的榫眼榫头下大上小并且向下扣，榫头从榫眼下部口大处纳入，向上一推，便勾挂住了。下面的空当再用垫上塞木锲，枨子就被关住，再也拔不出来了。如果想拔出来，必须要将木锲取出，枨子就落下来，榫头回到原来的位置，方能拔出。

黄花梨绿石面夹头榫素刀牙小案

15. 柏木夹头榫方腿酒桌（万历款）

尺寸　长108.5厘米 宽52厘米 高74厘米

年代　明

产地　江苏东山

此酒桌面心板采用大小板材斜拼。两叠式冰盘沿上下平分，上部平做，下内缩起混面，做法简约纯粹。牙头与长牙条上下一字平接，内有小交圈，牙头角位收圆，牙形较为方正，沿边起阳线。腿足和侧面横枨皆为方材制，四面委角倒圆角，线脚平素柔顺。两侧上下横枨造法皆为暗榫，下面横枨加竹钉固定。面板底部漆里厚批黑灰，底部三根穿带皆不出榫，并用方竹钉固定在底部大边上。

面板与大边结合部不用常规的开槽入榫做法，而是在大边与装心板结合的位置同时出铲斜坡，相互抵扣，使得桌子倒扣也不至于脱出。在北宋时就出现这种做法，明代极少采用，明代大多采用面格角榫攒边，并在大边和边抹内侧开槽，装心板四边伸出榫舌，将其纳入槽口的做法，结构趋于合理。

此酒桌造型简素，比例匀称，线条清爽简洁，髹紫漆，嘉万时期的苏式软木家具大多采用髹紫漆、黑漆、朱漆工艺，由此可以得到佐证。漆面因年代久远，部分自然脱落，木质自然风化，皮色俱佳。

酒桌为案形结体，现在却被称为"酒桌"，其命名是个例外。此名称的由来，已无法考证，宋画中有大量的酒桌的图像资料，多用以陈放酒肴，故有"酒桌"之名。

酒桌有夹头榫和插肩榫两种形制：夹头榫酒桌的画例有五代顾闳中《韩熙载夜宴图》；插肩榫的画例有《羲之写照图》中的剑腿酒桌；最早的实例有河北巨鹿出土的带有"崇宁三年"款识的北宋木案，形制与之后的明式酒桌几乎一致。目前行内会把酒桌分成大酒桌和小酒桌：长约105厘米，宽约52厘米的桌子称小酒桌；长105厘米，宽77厘米左右的桌子称大酒桌。

宋　摹五代顾闳中《韩熙载夜宴图》中的酒桌

明　仇英《临宋人画册》之《羲之写照图》中的剑腿酒桌

河北巨鹿出土的北宋木案（手绘图

万历壬午年三月□西宅
置一样三张（款识）

柏木夹头榫方腿酒桌

16. 榉木剑腿插肩榫酒桌（腿足糟朽）

尺寸　长115厘米 宽81.5厘米 高58厘米
年代　明
产地　江苏无锡

此榉木剑腿插肩榫酒桌尺寸硕大，长宽超出吴地常规酒桌。采用夹料制成，边框为柏木，装心板为银杏木，牙板及腿足为榉木。

在明代榉木家具中，用楠木、柏木、银杏木夹料制的家具会时常出现，也有用铁梨木、鸡翅木、红豆杉等。从目前留存的实例来看，后三种木材的使用情况没前面的三种木材普遍。明代工匠在长期的家具制作实践中，对木性的了解积累了丰富的经验。榉木质地坚硬，木性脾气大，如果"杀河"[1]处理工艺不到位，容易变形，且不耐朽；楠木、柏木、银杏木木性稳定且耐朽，工匠们时常会选用这些材料制作面心板或腿足等部位。留存至今的明代的家具腿足大多糟朽，高度大约在70厘米，而柏木和楠木家具腿足通常有75厘米以上。明式家具大多髹漆，以紫漆最为常见，也有采用黑漆和朱漆的。家具在髹漆后，夹料的外观并不明显。

此案面挺格角攒边打槽装心板，装心板为

[1] 杀河：在打制家具前把砍伐下来的木材整根沉入河底，浸泡数年至十年之久，使木料自然脱去油脂，然后再自然阴干数年，经过这样严谨的处理，木材发生了质变，水分收干，质地愈加紧密，制作的家具很少会走形。

大小两拼板。底部制成丰字穿带，底灰基本脱落。两叠式冰盘，上端平做沿下内缩打洼。牙板与腿足皆平面造法，造型光素，不起线。壶门式牙板，牙板甚厚，牙板及吊头与腿足相交处大挖弧线，形成大交圈，大交圈是早期明式家具的一个重要标志之一。

壶门式家具流行于唐代，在宋代已经非常成熟，南宋李嵩《听阮图》中绘有一张四面平榻，明文徵明《真赏斋图》中的绘有一张四面平壶门式大桌，其大壶门造型与之别无二致。宋画及明画中的大壶门造型多为四面平形

南宋　李嵩《听阮图》中的四面平壶门式榻

明　文徵明《真赏斋图》中的四面平壶门式大桌

制。明代的案子采用大壶门式的家具并不多见，此酒桌的壶门线条及形制是目前所见最好的一例。

腿侧角收分，剑腿式，中间挖缺之下的腿足部分皆已糟朽。两侧腿间的横枨造出桥梁式罗锅枨，形如水波纹，下面的横枨出榫。侧枨的线条曼妙舒展，律动而又充满张力，极具美感。整器髹紫漆，漆层基本脱落，木质极旧，干皮壳呈灰黄色泽。

采用插肩榫制作的案子通常年份较早且气息高古，在五代就已经出现插肩榫家具的存世实例，明代插肩榫家具存世量非常少。从目前所见明代插肩榫结构的家具来看，这件家具属于整体关系处理得最好的一例，面、牙子、侧枨与腿足关系处理得极具美感。案子的造型壮硕饱满，线条翼然流畅，制作手法娴熟，具建筑般的气质。

这件榉木剑腿插肩榫观赏效果极佳，视觉冲击力极强，浑然质朴，高古气息扑面而来，具宋元家具气息，堪称佳器。制作的年份可追溯到明中或更早一些。

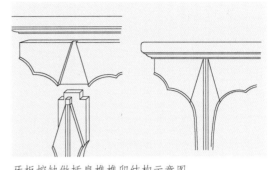

牙板挖缺做插肩榫榫卯结构示意图

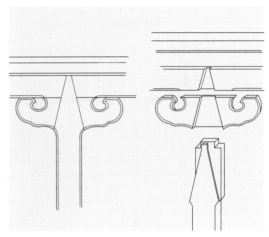

云头牙板插肩榫榫卯结构示意图

壶门牙板

榉木剑腿插肩榫酒桌

17.柏木夹头榫方腿素刀牙酒桌（崇祯款）

尺寸　长 109 厘米 宽 72 厘米 高 69 厘米
年代　明
产地　江苏无锡

　　此酒桌为夹头榫结构，桌面以标准格角榫攒边，面板五拼，三叠式冰盘沿，上端平做，沿下内缩压边线，冰盘沿两处出明榫，边抹两处出明榫。方腿四面起委角线，正面委角打凹，两侧横枨方材制，四面起委角线，第二根横枨出明榫。牙子为一木整挖，牙条挖缺做，中间一段平直，两侧向下弯垂，镂出曲线轮廓与牙头连成一体，吊头做法也一致，牙头角位较方，底部平做，显得方楞。面板底部漆里背布批黑灰，漆灰基本脱落，腿足糟朽。

　　整器髹紫漆，漆面自然脱落，木质自然风化。形制古意犹存，线脚工艺处理得较为丰富，唯做工平平，棱角生硬，不能由质朴中见优美，不属于造型优美的类型，应该是某个小作坊的制品。此例证明了明式家具并非每一件都是设计成功的，到了崇祯年代，人们审美及制作工艺已开始出现倾颓之势。

底部穿带的墨书款识

柏木夹头榫素方腿刀牙酒桌

18. 柏木夹头榫素刀牙酒桌（康熙款）

尺寸　长104.5厘米 宽53.5厘米 高72.5厘米
年代　清
产地　江苏东山

　　此酒桌属于标准的明式家具造型，造型饱满、浑厚、扎实。大边和边抹格角攒框与面心板结合部开槽入榫，两侧上下横枨造法皆为暗榫，下面的横枨加竹钉固定，横枨为椭圆形。三根穿带皆不出榫，并用方竹钉固定在大边地部上。面心板两拼，边抹造出三叠式冰盘沿，上端平做沿下内缩压边线，素牙头与长牙条为上下平接，牙形线条顺畅。腿足为鸭蛋圆做法，面板底部漆里背布厚批黑灰。

　　桌子鬃紫漆，漆面自然脱落，皮色俱佳，木质自然风化，腿足糟朽，整器造型光素，线条清爽简洁，形制、做工中规中矩，无亮点。明式家具到康熙、雍正及乾隆早期，气息与嘉万时期的明式家具已不可同日而语。

底部红漆款识

边抹、牙板及腿足

柏木夹头榫素刀牙酒桌

19. 杉木夹头榫罗锅枨花牙酒桌

尺寸　长97厘米 宽64厘米 高70厘米
年代　明
产地　常熟福山

　　此酒桌为杉木制，牙板为梓木，罗锅枨为榉木，四面设高拱罗锅枨，悬空矗立，做法独特，可视为苏式家具中的孤品。

　　面板五拼，冰盘沿为三叠式，上端平做，中间打洼内缩至底部压平线，冰盘三处透榫，边抹三处透榫，底部穿带呈丰字形。牙条与牙头一木整挖，牙头波折蜷曲，镂挖成花叶状，牙头中部透雕，兜转对头卷云纹饰，云头透雕，内有对头抱球（抱球的装饰属于早期明式家具做法之一），牙头中的两道阳线在委角处向上送出，如鼠尾状，牙子沿边起饱满的阳线。牙板下四面安高拱罗锅枨，委角波折式起拱，弯度极大，罗锅枨上部采用委角做法，下边起饱满的阳线，下部内弯曲位置伸出一段，回卷内翻抱球。前后罗锅枨高，两侧罗锅枨稍低，皆透明榫，榫卯互让，一根罗锅枨缺失，罗锅枨下角牙缺失。

　　腿侧脚收分，方腿正面打洼两边倒圆角压边线，后面委角。整器线脚工艺丰富，装饰华美，线条温暖，富有弹性。整体髹矿物质朱漆，漆层部分脱落，木质极旧，风化程度很高，干皮壳。

　　这张酒桌结体扎实稳健，造型古拙秾华，气质超凡，它犹如一件雕塑作品，观赏效果极佳，视觉冲击力极强，犹如建筑般的矗立。制器古意盎然，具宋元家具气息，属于较早制作的苏式细木家具。

　　（传）宋人《十八学士图》中画有一张悬空罗锅枨酒桌，线脚工艺非常丰富，形制与之相似。明初朱檀墓出土的夹头榫罗锅枨酒桌，形制也与此酒桌类似，而这件家具的气质更加雄壮饱满，气质及气息更加古朴。朱檀卒于洪武二十二年（1389），因此我们可以把这件家具的年代追溯到明洪武年间或更早一些。

（传）宋　佚名《十八学士图》（局部）

明　朱檀墓出土的夹头榫罗锅枨酒桌

边抹、牙头、腿足

罗锅枨

底部

杉木夹头榫罗锅枨花牙酒桌正面

20. 柏木三弯腿带台座香几

尺寸　长 35.5 厘米 宽 36.8 厘米 高 78 厘米
年代　明
产地　江苏苏州地区

金　山西大同阎德源墓出土的木盆架模型

《周礼》中对几有"室中度以几，堂上度以筵"的记载。窗明几净，香几作为事香之用，不拘一格，亦可上设奇石盆玩、名瓷古炉等清供雅赏，流露出古人生活的优雅韵致，是富贵之家、文人雅士清居必备之物，可视为古代家具的最高级形式。

此柏木香几上层和台座为须弥座式，三弯腿落在台座上，可面面观赏。面接近正方形，格角攒边镶板，周边起拦水线，面喷出作带帽状。边抹造出冰盘沿，三叠式冰盘沿缩进较多，下为双层束腰，上层束腰甚高，四角设圆柱，圆柱为腿上截露明部分，柱内打槽嵌装绦环板，绦环板纹饰部分突起，沿边起线，内透雕卷草纹。束腰下有托腮，挑出较多，下层平地束腰，光素无饰。束腰、托腮、牙子分别制作。牙子做成披肩，覆盖腿足，牙板的壶门轮廓与左右两侧如意云纹连成一体。腿足为三弯式，以圆材制作，腿足弯度甚大，足端上勾，形如弯月，曲线优美，足下造出圆球，落在台座上。台坐面喷出，面格角攒边镶板，边抹浑圆，下四角设圆柱，嵌装绦环板，开光处透雕海棠纹，沿线起阳线，下做两层托腮，底部挖出壶门式轮廓。

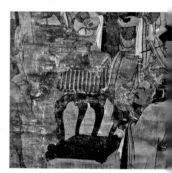

南宋　佚名《五百罗汉图》中的香几

此香几方材直线与圆材曲线对比强烈，造型优美，方圆形制，线脚工艺变化丰富，结构设计巧妙，工艺精准，稍有丝毫错位或角度偏差，构件间的榫卯便无法安装。整器构造复杂，线条却翼然灵动，视觉冲击力强，是一件颇具设计感、年代较早的明式家具。

北方榆木家具大漆香几类似造型出现较多，苏式柏木香几自成书时，只见此一例，其形制与金代山西大同阎德源墓出土木盆模型[1]、南宋《五百罗汉图》画中的香几颇为相似。这张制式高古的柏木香几的年代应追溯到明万历中期。

据藏家介绍，此香几于20世纪80年代流到美国，现为苏州私人所藏，当时价格与黄花梨接近，那时候国外对中国古代家具的材质并不敏感。

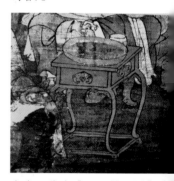

南宋　佚名《五百罗汉图》中的香几

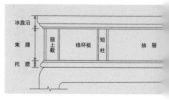

高束腰示意图

[1]　大同博物馆：《大同金代阎德源墓发掘简报》，《文物》1978 年第 4 期。

台座及腿足 　　　　　　　　台座正面

柏木三弯腿带台座香几

21. 榉木方腿夹头榫素刀牙香案（腿足糟朽）

尺寸　长71.5厘米 宽35厘米 高55厘米
年代　明
产地　江苏苏州

在宋代、明代版画插图、工笔绘画作品中可见到各种造型
的香几，从画例和传世实物来看，香几大多为圆形或方形结
体，可面面观赏。

此榉木香案为夹头榫案形结构，通体光素。边抹平面做
法，底部内缩打洼起线脚，线脚处理得十分含蓄，两侧边抹出
榫。素牙头上下一字平接，牙头与牙条转折处交圈，牙头角位
收圆，曲线顺畅，丰腴肥硕，气息古拙。短吊头。方腿直落有
侧脚，四边微倒圆，似有混面，腿足两侧设方横枨，两侧堵头
缺失。

王锡爵墓出土的家具

造型平素古拙，做法纯粹，只是在边抹底部施线脚，方材
直线与圆形曲线对比强烈，在简约中求变化，为方圆形制，具
宋韵明风，是一件颇具设计感的明式家具。

从这件香案的整体造型比例来看，原来高度应该在72厘
米左右，是一件特制的明式家具。木质风化程度很高，肌理丰
富，起木筋，木纹彰显，皮色老旧，笔者称这种皮壳为"被冷
落的皮壳"。

榉木香案存世量极少，这张制式高古的榉木香案的制作年
份可追溯到嘉靖、万历之际，形制、气息与苏州虎丘新庄明万
历王锡爵墓出土的木案类似。

榉木方腿夹头榫素刀牙香案正面

边抹与牙板

榉木方腿夹头榫素刀牙香案正斜面

22. 榉木有束腰顶牙罗锅枨香桌（腿足糟朽）

尺寸　长 83 厘米 宽 41.5 厘米 高 58 厘米
年代　明末
产地　江苏常熟

　　此榉木香桌尺寸小巧，方材制，面心板镶楠木瘿，满架葡萄瘿，皮壳黝黑。看面皆用平面造法，桌面稍喷出，边抹立面平直，平地浅束腰，牙板下设顶牙罗锅枨。牙板与腿内侧交圈，顶牙罗锅枨与腿相交，齐头碰，顶牙罗锅枨下端与腿结合采用勾挂垫榫，做法考究。底部背布漆里厚披黑灰，漆灰完整保存，腿足糟朽。

　　此桌造型方正平素，罗锅枨曲线优美，曲直对比强烈，在简约中求变化，体现出明式家具简约而不简单的设计理念。可陈设赏石，或置香炉焚香之用。这种小桌存世量极少，制作年份可入明。在宋代家具中，边抹平面的做法最为常见。明式家具边抹平做的并不多见。

明　《吴骚集》版画插图中的有束腰小桌

楠木瘿面心板

勾挂垫榫细图

榉木有束腰顶牙罗锅枨香桌正面　　　　　侧面

榉木有束腰顶牙罗锅枨香桌正斜面

23. 榉木圆腿夹头榫素刀牙香案（腿足糟朽）

尺寸　长 77.9 厘米 宽 39 厘米 高 64 厘米

年代　明

产地　浙江嘉善

此榉木香案为夹头榫结构。圆腿侧脚，腿间两侧横枨各为上下两根，横枨安装位置较低。

圆腿夹头榫平头案存世量较多，在明代中晚期开始大量制作，据不完全统计，在目前传世的明式家具中占比约 47%，但这种小尺寸的案子却是十分稀少，非常罕见。

此案为原始状态。案面格角榫攒框打槽装心板，三叠式冰盘沿，线脚处理得内敛含蓄、饱满圆浑。直牙条与素刀牙上下平接，修长窄牙头，牙头角位收圆，底部厚底灰残留，两侧堵头缺失。

此案选料极为考究，通体用高密度鸡翅榉制成。面心板取榉木芯材，质地坚硬，纹理如涟漪水波荡漾。四条腿足木纹一致，宝塔纹彰显。可见当时的匠师在制作这件家具时是经过精心选料的，不惜耗费以求美材，成品自然与众不同，身价倍增。整器质地坚硬，木质风化，肌理丰富，皮壳老辣，属典型的江南干皮壳家具。

此桌风化程度很高，面残破，明式家具尚存至今，大多会出现不同程度的破损，从另一个角度来看反而显得放松、自然。我们今天在拍卖会上所见的品相十分完整的家具，大多被修整，上蜡处理，实际上并不完整。

这香案尺寸小巧，风格典雅秀丽，平淡耐看，属于一件典型的苏式文人家具。制作年代可追溯到嘉万之际。

宋　陆信忠《十六罗汉图》中的香案

面心板

冰盘沿和牙头

底部厚黑灰漆里残留情况

榉木圆腿夹头榫素刀牙香案正斜面

24. 榉木夹头榫带屉板小平头案

尺寸　长70厘米　宽39厘米　高72厘米
年代　清初
产地　江苏南通

此榉木小平头案为圆腿刀牙夹头榫结构。鸭蛋腿，腿足侧脚明显，四腿间加圆杆顺枨和横枨，枨子与腿足外皮交圈，做成飘肩，枨子内侧打槽装屉板，嵌装隔层，屉板落堂平镶，层板安装位置较高。

面装心板独板，取榉木芯材，纹理如行云流水，生动优美。大边和抹头内侧与装心板结合处角位为内外圆角做法，做法考究。冰盘沿为三叠式，上端平做，沿下内缩起阳线，线脚处理见棱见角，硬朗利落。短吊头，八字刀牙，牙形方而宽大（这种牙形在南通地区较为常见），牙子沿边起阳线。

此案尺寸小巧，气质古雅，包浆醇厚黝黑，属于传世皮壳。制作时间可追溯到清康熙年间或更早一些。

这种形制的小平头案子存世量较少，亦可称为香案。榉木、柏木制器目前所见不超过3件，黄花梨、鸡翅木则有少量制器，其数量也不会超过10件。唐卢棱伽《六尊者像》中出现过类似造型的小案，案面甚厚，边抹平面做法，有镶嵌装饰，面下设有多处波折的曲线形牙板和吊头，腿足中段有外凸，花叶足，四面直枨在腿足突出部结合，不安屉板。

唐　卢棱伽《六尊者像》中的香几

边抹、牙头及腿足

面心板纹理

榉木夹头榫带屉板小平头案

四　柜架

1. 榉木圆角橱

尺寸　高 117 厘米 上长 63.2 厘米 下长 67.5 厘米 上宽 36 厘米 下宽 40 厘米
年代　明
产地　上海松江

北宋　张先《十咏图》中
的一具橱柜

南宋　楼璹《耕织图》中
的盝顶四抹门圆角柜

　　北宋张先《十咏图》中绘有一具橱柜，柜较矮，柜帽喷出，柜门攒成多格式。南宋画家楼璹所作《耕织图》中有一具置于平头案上的四抹门小圆角柜，柜顶部做成盝顶，柜体和明式柜子一样。在宋代绘画中有多处出现圆角柜带盝顶的做法，被后来的明式圆角柜改成平顶带柜帽的形式。

　　此榉木木轴橱门圆角橱在橱类中属于尺寸较小的一例，橱体较窄，有闩杆，亦称"中柱"。橱帽喷出，转角削去硬棱成圆角，橱帽边抹素混面上下压边线。橱门边框压边线，门板打槽入榫，外侧两头有门轴，也就是通常所说的"摇杆"，两扇门的纹理对称，独板一木对开。在门框上有铜面页，外挂钮头，安圆吊环。

　　腿足外圆内方压边线，侧脚明显，上敛下舒形成挓度。橱底枨边抹为两叠式，下安一木整挖的素牙子，牙头短促，前牙缺失。

　　橱内设二层杉木层板，橱内背布满批红灰，橱顶、橱底、橱背面皆厚批黑灰，做法考究。

　　橱体原紫漆基本完整保存，用料考究，榉木的鸡翅纹若隐若现，包浆醇厚，气息淳朴，属于明代书橱的标准制式。

　　此橱与明万历上海潘允徵墓出土的圆角橱模型造型几乎一致，门上铜饰件造型也一样。因此可以把其制作年份定为明万历年间。

明　万历上海潘允徵墓出
土的圆角橱模型

　　圆角橱在底枨与腿足的相交处有一个十分科学的榫卯结构，就是榫卯结构互让：橱的正面与侧面底枨和腿足相交，两枨的位置是在同一高度，如果榫眼集中一处，势必会影响牢固程度。古代工匠采用彼此让榫的方法：在出榫部位都造出大进小出的榫头，即正面的底枨切去榫头的上半部分，下半部分形成透榫，侧面的一根切去榫头的下半部分，上半部分形成透榫，因而形成两榫互让，不至于把腿足凿去太多，橱的正面和侧面都使用比较牢固的透榫做法。

　　在江南家具中，橱与柜的区分，主要是根据高度与宽度的比例。

两榫互让细节

高度大于长度称"橱"，而长度大于高度，称"柜"。北方叫法正好相反。

圆角橱是按柜顶转角为圆来命名的。凡是木轴门，门外侧上下两出头伸出门轴，纳入橱顶下面的臼窝，旋转启闭，橱帽呈圆角，称为"圆角橱"。橱角柜也称"木轴门橱"。圆角橱被北方工匠称作"面条柜"，应是柜体线角丰富，以竖线为多，形如挂面，故得其名。

圆角柜的形式较多，常见的以橱帽边抹及门框边抹素混面压边线，腿足外圆内方为最标准的做法。之后出现"瓜棱橱"，"瓜棱橱"有"凹瓜棱"橱与"甜瓜棱"橱之分："凹瓜棱"橱的主要产地是以苏州东山为代表的江南地区；"甜瓜棱"橱亦称"芝麻秆"橱，主要产于以江苏南通为代表的苏北地区。

橱有有闩杆和无闩杆之分，无闩杆的称硬挤门。有闩杆的橱加锁或穿钉可以把橱门与闩连在一起，橱身下又有有闷仓与一门到底之分。

圆角橱是明式家具中较为常见的类型，面镶素板，圆角橱为明式家具最经典的设计之一，在北宋张择端的《清明上河图》上就出现过圆角橱，明代绘画中则出现较多的画例，圆角橱制作一直沿袭至明清。

圆角橱正面帽檐的喷出的尺寸与下端腿足外侧尺寸大致相等，橱体上敛下舒形成"A"字形，以取得视觉上平衡稳固的效果，橱门大边上下两端伸出门轴，纳入橱身上下臼窝，这种设计会使门自动闭合。古人的巧思妙想，令人折服。

明 万历《水浒传》版画中的圆角橱

一木对开门板

帽檐、腿足的线脚

橱内部

批红灰漆里

榉木圆角橱

2. 榉木方杆大小头橱（康熙款）

尺寸　高140厘米 上宽83厘米 下宽86厘米 深46厘米
年代　清
产地　江苏无锡

此橱为榉木方材木轴门圆角橱，硬挤门，橱门落堂平镶，一门到底。橱帽、腿足、门框均平面起洼角线，正面门板与两侧柜帮门板为一木整开，四面取同一整板，花纹对称。柜内设两层隔板，无抽屉结构，隔板已缺失。橱框底枨为两叠式冰盘沿，下设素牙子，牙条中间一段挖缺。橱顶、橱底、橱内、橱后背皆用背布厚批黑灰的做法。

此橱做工规矩，打磨精细，是一件文气素雅的江南文人家具，橱呈清水皮壳，也就是我们今天所说的"清水家具"。从目前存世的大小头橱来看，方材的大小头橱的存世量要远远少于圆杆的大小头橱。如果此橱没有落款，我们很可能会把这个橱看成嘉庆至道光时期的制品，由此可见，给明式家具断代是一件非常困难的事情。

所谓的"清水家具"就是在家具上采用揩漆工艺，揩漆工艺在晚明已经出现，但存世的家具并不多见，直到入清后才开始在家具上大量使用，明式家具通常是髹漆的做法。所以我们今天所见"清水家具"年份相对较晚，但家具在制作工艺的使用时间上可能会有交叉，不能一概而论。

明清时期出现在家具上的水磨工和揩漆工艺，制作出来的家具保持了自然色泽与纹理，俗称"清水家具"。明黄成《髹饰录·单素第十六》中记载："黄明单漆，即黄底单漆也。透明、鲜黄、光滑为良。"天启五年（1625）嘉兴西塘漆工杨明加注称："有一髹而成者，数泽而成者……又有揩光者，其面润滑，木理灿然，宜花堂之瓶桌也。"杨明提到的"揩光"即揩漆工艺，其操作步骤是先对家具进行打磨，再用天然漆（生漆）髹于家具表面，待家具似干未干时，用布纱揩去漆层上表面的漆膜，如此反复多次，直至表面光亮为止。

左侧朱漆款识　右侧朱漆款识

榉木方杆大小头橱朱漆印章

榉木方杆大小头橱内部

榉木方杆大小头橱

3. 榉木有膛肚方角橱（康熙款）

尺寸　高156厘米 宽97厘米 深46厘米

年代　清

产地　江苏无锡

橱身皆平面做法，橱身门板与两侧橱帮门板全部装板平镶，带中柱，有膛肚，也称闷仓。橱门和中柱皆缺失，图中所见的一扇门不是原来的门。橱足两侧装方铜合页，可脱卸。橱内安有抽屉架，设两具抽屉，上有一层隔板，是橱最常见的做法。橱顶、橱底、橱后背皆背布批黑灰，橱内壁、隔板皆背部批红灰。

橱后厚批黑灰，有墨书七言诗一首：

> 儒毫廿载事鸿池，
> 腕弱多惭滞力迟。
> 悟彻晋唐砰版外，
> 行云飞鸟总吾师。

此橱做工规整，橱内顶板的穿带和层板的穿带皆倒圆角，橱顶面板落堂平镶。不设牙条，在底枨铲挖出45°斜角，腿部开榫眼卯接牙头，牙头已缺失。整体用料经过精选，两侧橱帮一木对开，纹理一致。清水皮壳，包浆熟旧。如果此橱没有款识和橱内的厚批灰，我们很可能会把这件家具看成是清嘉道时期的制品，家具断代并不是一件容易的事，需要通过大量的知识和实践才能对此有所认知。

方角橱橱门特征是平整光素，橱门用铜合页来安装在橱足上，没有橱帽，橱子的上角多用棕角榫，造型方正，故称方角橱。方角橱亦被称之为"一封书"，因其造型方正，犹如一本线装书。

榉木有膛肚方角橱橱内朱漆漆里

榉木有膛肚方角橱背部

榉木有膛肚方角橱

4. 榉木圆角橱（橱门缺失）

尺寸　高129厘米 上长89厘米 下长94.5厘米 帽檐97.5厘米 深：上45厘米 下48.5厘米
年代　明
产地　江苏无锡

此榉木木轴橱门圆角橱在橱类中属于尺寸较小的一例，橱帽大喷面，橱门缺失，抽屉缺失，三面牙子皆缺失。

此橱做法有独到之处。一是橱帽喷面非常大，比常见的橱帽多出3厘米，橱帽造出冰盘沿，做法较为少见，常见的帽檐边抹都是素混面上下压边线的做法。此橱帽的冰盘沿做法非常考究，上部平做沿下打洼顺势收圆形成混面，内缩至底部压平线，做成上舒下敛线脚，处理手法独特，磨制精细，线脚流畅优美，十分精美。二是橱顶平做，前面大边与边抹采用平接造法，只在收尾处做出格角，平镶杉木面板，做法十分少见。圆角橱顶部常见的做法通常为45°格角攒榫框。

圆角橱顶有平面和落堂两种造法：一是橱顶平镶的通常不带底座（橱奠）；二是顶部落堂的橱都有底座（橱奠），橱奠能起防潮作用，留存至今的橱奠大多缺失。

此橱比例比常见的橱要宽，显得饱满壮硕，侧脚明显。四条皆腿足外圆内方的造法，内侧皆做成碗口线，若有若无，处理手法婉约含蓄。橱底枨为素混面，内缩造出饱满的冰盘沿，侧面底枨起剑背棱，素工不起线，整体的线脚工艺极其完美。

橱内设抽屉架，用杉木制成，抽屉架因使用得岁久年长，棱角皆被磨圆，上有一层杉木格板。橱内杉木托档皆圆角做工，打磨精致。橱内的方竹钉历经数百年仍与柜体表面齐平，据老工匠介绍，竹销钉经过老碱水浸泡处理，坚如铁钉。橱内用清水做法，不做批灰。

橱未做清理，本色原味，工艺精湛，选料极其考究，通体以鸡翅榉制成，丝丝泛光，质地坚硬，纹理优美，木纹彰显。皮壳苍茫，包浆层次丰富，整体色泽灰白，正面两侧腿足上端因使用年代久远，包浆醇厚，呈枣红色，纹理、肌理、色泽非常优美。

此橱气息淳朴厚重，造型饱满，虽残尤美，呈现出建筑般的气势，无论是从木材质感还是制作工艺来看，远超同期的黄花梨制品，可用凿枘工巧来形容，是一件私人定制的江南文人家具，当属明代圆角橱的经典范例，制作年份可追到万历早期或嘉靖间。

榉木圆角橱

橱顶

抽屉细节

腿足的纹理

橱内局部

5. 榉木方杆圆角橱

尺寸　高158厘米 上宽86厘米 下宽92厘米 深：上45厘米 下49厘米

年代　明

产地　江苏泰州

此橱属于中型尺寸，橱帽檐沿四面喷出，四面工，边抹造出冰盘沿。橱的用料厚实，上手后的重量比正常制作的橱的要高出一倍左右。

橱为方材木轴门，带中柱，腿足侧脚明显，方材打洼，起洼角线。橱顶镶平，大边与边抹采用平接加斜接的做法，比较少见。门攒框镶平做，橱帮落堂平镶，门框打洼委角，上下伸出门轴，纳入臼窝。柜门板与两侧门板为一木整开，四面取同一整板，花纹对称，面心板取料经过精选制成。正面铜饰件作管子状，相互扣合，上有小拉环，可以加锁。橱底枨打洼造出冰盘沿，与橱帽边抹的冰盘沿做法一致。

橱底枨下为一木整挖牙板，挖缺做，两侧断面的弧线似为壶门床脚的流行的痕迹。牙头兜转，形如半个云头状。牙板沿边起阳线，两侧素牙子形制与之一样，不起线。牙板造型极具个性，背面底枨下设有一木整挖素刀牙，牙头短促，婉约优美。

橱内有抽屉架，沿边起阳线。上有一层隔板，上下起阳线。抽屉面浮雕海棠纹饰，两端伸出卷云状，在抽屉上浮雕纹饰，独见此例。这种纹饰在宋代的屏风上比较常见，与（传）宋刘松年《唐五学士图》中的屏风纹饰一样，十分精美雅致。橱内用清水做法，不做批灰，

托档皆圆角做工，背板杉木制。

此柜造型独特，别具一格，采用素漆工艺，榉木宝塔纹彰显，纹理优美，工料皆精，皮壳厚润，为原始清水包浆。

此橱早年被卖到欧洲，去年才被国内行家购回，所幸还能保持原始皮壳，殊为难得。早年流失国外的明清家具大多被过度清理，甚至被打磨后上蜡。

此橱是苏北地区的风格，应该属于一件私人定制明式家具，制作年份可追到万历中期。

（传）南宋　刘松年《唐五学士图》中屏风的装饰纹样

榉木方杆圆角橱

冰盘沿

顶面平镶

铜饰件

牙子

橱内部

6. 黄花梨双层亮格柜

尺寸　高 172 厘米　宽 95.5 厘米　深 47.5 厘米

年代　明末

产地　江苏北部

上部分为架格，下部分为柜子，两者结合在一起的形制在宋画中并未出现，在明式家具中则被称为亮格柜，据说这种形制的柜子出现在明万历年间，故有"万历柜"之称。

此柜为四面平制式，整体框架、门及侧面柜帮皆为平面做法，上部为两层亮格，下部为柜。亮格部分三面敞开，亮格券口稍退后安装，后背装板，前敞装券口牙子，两侧上部为券口牙子，下用对称的万子纹攒斗成栏杆式（部分有修配），柜膛底枨下镶素牙子。明式的亮格柜，亮格以一层的为多，两层的少见。

柜门带中柱，中间安圆形铜面页，上装有滴水状吊牌，三枚铜钮头，钮头穿过铜面叶及柜门的大边、中柱，落在铜面叶上，可穿钉加锁。两侧安铜合页，门可脱卸。

此柜子光素无饰，通体不起线，无任何装饰线脚，做法纯粹。器形古雅，比例匀称，皮壳黝黑，包浆醇厚，质如琥珀，颇具厚拙凝重之感。

此柜是古代家具发展到明代后期十分成熟的制品，制作年份可入明。

黄花梨双层亮格柜

7. 楠木三层全敞书架

尺寸　高 164.5 厘米　宽 83 厘米　深 33.2 厘米
年代　明末清初
产地　江苏苏州

宋　佚名《村童闹学图》中的书架

宋佚名《村童闹学图》中绘有书架一例，书架为三层格板，上置书画。元代王蒙《溪山高逸图》中绘有四层书架一例。明代绘画中则出现较多书架的画例。

此书架四面全敞，四面工。整体全由方材制成，所有的沿边角位微倒圆，去其棱角，观感趋于柔和。四足间用顺枨、横枨连接，上层采用棕角榫做法，中间两层顺枨、横枨格肩[1]与腿相接，最低一层顺枨和横枨及牙头一起与腿平接。枨子打槽平镶层板，每一层隔板底下用两根穿带承托。最低一层下不做长牙条，而是直接在顺枨、横枨间铲挖出 45° 斜角，腿部开榫眼卯接牙头，小巧的小刀牙造型优美，为此简素造型的书架平添了意趣。

元　王蒙《溪山高逸图》中的四层书架

此书格可在居室空间中随意摆放，用以陈列书籍、观赏类物品，观赏效果极佳。造型空灵疏朗，光素无饰，通体不起线，简练到了极致。格架采用揩漆工艺，保持了家具的自然色泽与纹理，呈清水皮壳包浆。书架的木质细腻，纹理清晰可见。制作时间应在康熙之前。

架格的基本形式是四足之间加横枨、顺枨，承架隔板，隔板一般分三层或四层，最低一层隔板之下安刀子牙板。架格通常也被称为书架，其用途也不一定就是摆放书籍，故在明式家具中也称架格。架格通常是空敞的，也有安券口、围栏、栈格及带有抽屉的形式，亦有后背装板的做法。

明　崇祯本《八公游戏丛谈·清凉引之》版画刻本中的书架

这种造型简约朴实的明式家具，被 20 世纪北欧极简主义设计师推崇为其设计灵感的来源之一。

―――――――――
[1]　格肩：将榫头的末端切出三角形或梯子形的肩。

木三层全敞书架正斜面

木三层全敞书架承板

木三层全敞书架牙头及腿足

楠木三层全敞书架正面

五 床榻

1. 榉木有束腰马蹄足小榻

尺寸　长 187.5 厘米　宽 69 厘米　高 43.2 厘米
年代　明末
产地　江苏苏州东山

明　上海卢湾潘允徵墓出土的明器

宋人绘画中的无束腰四面平云纹足榻

　　方材有束腰是榻最基本的形式。此榻尺寸在榻中属于较小的一例，小凉榻存世极少，且保存状况良好，殊为难得。

　　榻面格角攒边，内缘踩边打眼藤编软屉，底部两根弯带出鞘带入大边。边抹造出冰盘沿，素混面内缩至底部压边线，平地束腰，直牙条，牙条与束腰一木连做，牙条与腿肩格角相交，牙板与腿沿边起一根饱满的阳线，双交圈做法，正面及两侧皆大弧度交圈，大交圈的做法是早年份家具的标志之一。鼓腿彭牙，腿足内侧大挖成内翻马蹄，马蹄兜转有力。底部设弯带两根，在长牙条两处开挖槽口，采用栽榫[1]工艺，用穿销把长牙条固定在大边上。榻整体除了藤面重编之外，余为原始状态。

　　此榻的比例匀称，形制优美，造型厚重饱满，线条张弛有度，风格淳朴典雅，具隽秀之气质。整器用料充裕，红榉的鸡翅纹彰显，纹理参差叠加，细密而绚丽，纹理优美。整器精工细作，工艺精湛，清水皮壳，包浆温润。可列为吴地榉木家具佳作之列，制作年份可入明。属于用料最充裕，比例最协调的典型范例，是一件气质优雅的江南明代文人家具。

　　上海卢弯潘允徵墓出土的明器家具中，就有一件造型类似的榻，潘允徵葬于万历十七年（1589），这些出土的明器为明式家具的断代提供了重要的参考价值。在宋代、明代绘画作品中则出现较多榻的画例。

　　榻的名称出现于西汉后期，当时主要指的是一种低矮的坐具，榻在古代是坐具，并不是卧具。东汉刘熙在《释名》中对其有详细的描绘："长狭而卑曰榻，言其榻然近地也，小者曰独坐，主人无二，独所坐也。"榻的造型大致上经历了从隋唐时期箱体式有几组壶门的结构、宋代带四足四面平壶门轮廓带托泥结构、明代有束腰内翻马蹄结构到清代牙板有堂肚方马蹄结构风格的演变。

　　榻宜供　人休憩，其摆放位置不　定在卧房，古时安设在书斋亭榭中较为常见，可用来随时休憩，榻在明文震亨《长物志》中有"独眠床"之称。榻在古代家具中有社交活动和文化礼仪的象征意义，"纸窗竹榻，颇有幽趣"，古时文人尤为推崇，它是一种与人朝夕相处的家具。

---

[1]　栽榫：在家具构件的里皮，将断面为半个银锭的穿销贯穿过去，上端出榫，纳入大边底部的榫眼中，使长牙条固定紧贴。栽榫常在条桌、方桌及床榻的牙条上使用。

藤编软屉　　　　　腿足

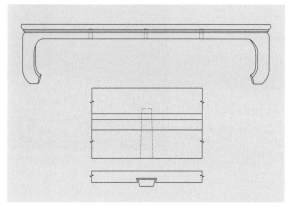

有束腰床榻牙条上的穿销示意图

榉木有束腰马蹄足榻正面

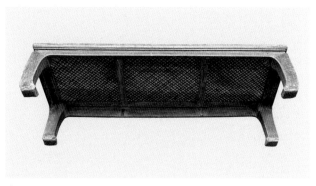

底部

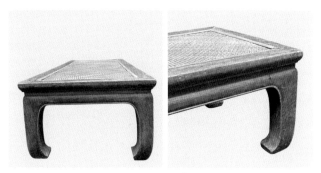

正侧　　　　　　　　　边抹

2. 黄花梨无束腰六足折叠榻

尺寸　长187厘米 宽74厘米 高42.5厘米

年代　明中

产地　山西

　　此榻为案形结构，藤屉缺失，大边分做成两段式，装有合页，中间两面的立腿可以向一侧折叠，折叠后的长度正好装入牙板内侧。牙板做成垂云状，把转轴结构遮掩住。

　　整体以方材制，用料粗大，格调厚拙，无束腰，边抹、牙板及腿足皆平面做法，边抹、腿足皆出明榫。通体不起线，造型极简，只是在牙板和中间的腿足做了装饰，中间腿足上端挖缺做，形如宝瓶，形制高古。榻身装有两根铁梨木马鞍形弯带（其中一个后配），两端另设间格构架，应为承托枕垫之用。

　　此榻在古时或为外出之用，折叠便于携带。明代的案形折叠榻目前只见两例，另一件藏于故宫博物院。此榻造型简拙，显得粗壮，未达到文质相济的气质。

　　案形榻画例有五代周文矩的《重屏会棋图》、五代王齐翰的《勘书图》。实例有江苏邗江区蔡庄出土的五代木榻。折叠床最早的实例出土于湖北荆门战国楚墓，为折叠式构造。

五代　周文矩的《重屏会棋图》中的案形榻（手绘图）

五代　王齐翰《勘书图》中的案形榻

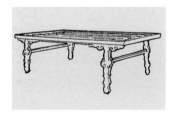

五代　江苏邗江区蔡庄出土的木榻（手绘图）

战国　湖北荆门包山楚墓出土的黑漆折叠床

宋韵明风——宋明家具形制与风格

216

黄花梨无束腰六足折叠榻

3. 楠木有束腰三弯腿抱球足大春凳

尺寸　长 208.5 厘米 宽 57.5 厘米 高 49 厘米
年代　明末
产地　江苏南通

此凳面格角攒边，内缘踩边打眼，藤编软屉，藤屉后修。边抹造出冰盘沿，素混面内缩至底部压边线，起线如工笔勾勒。平地束腰，牙板与腿足格角相交，腿肩彭出，抛牙板形成鼓腿彭牙式，与牙条上弧度连成一体，观感趋于饱满。牙条挖出三组壶门式轮廓，两端内侧与腿相接处做出大交圈与三弯腿连成一体，沿线起阳线，起线极细，线条刚劲有力，颇具功力。三弯足端外翻回卷抱球，上浮雕花叶一片，腿形翼然飘举，十分优美。

此凳形制古朴，具宋元气息，拙中带秀，线条圆转自如、抑扬有致、神采飞扬。整器用料充裕，工艺精细娴熟，髹黑漆，木质风化，色泽沉稳。此可列为苏北细木家具之佳作。制作年份入明。

明　天启雅集斋刊本《无言唐诗画谱》版画刻本中的榻

楠木有束腰三弯腿抱球足大春凳正斜面

楠木有束腰三弯腿抱球足大春凳正面

4. 榨榛木六柱架子床（品字栏杆围子）

尺寸　长 226.6 厘米 宽 146 厘米 高 210.3 厘米
座高 46 厘米

年代　清初

产地　江苏镇江丹阳

此床为带围子的六柱床，纯明式造型，工整简素。三面围子框内采用横竖材攒接成直棍围子，呈仰俯"品"字形的空格栏杆。明计成《园冶》中有栏杆的详细描述，称"笔管式"。[1]有成单，有成双。此床围子成双，内侧倒圆，外侧平做，单面工，做工稍有遗憾。据老木匠介绍，制床最怕的就是做围子，在床座完工之时，围子还未完成三分之一，可见制作围子耗工之大。

床眉挂檐直枨加双矮老及双圈卡子花装饰。看面倒圆，皆形成混面。四根柱子四面倒圆成混面，方中求圆，属于明代大料小做常见的手法，在立柱与床面接合处的柱脚设覆盆式底托。

床身为四面平式，腿与牙子格角相交，再和上面攒边的床挺结合在一起，这种做法为标准的明代工艺。边抹与牙条皆齐平相接成，采用闷榫制作。牙子与腿内侧大挖交圈，断面成曲尺形，保留了壸门床脚的痕迹，交圈线条优美。

马蹄内翻，浅马蹄造型，俗称"塌马蹄"，马蹄兜转有力，这种马蹄形制通常年份较早。床下设六根弯带支承，大边双弯带，四角皆有弯带，弯带两头起端稍平，顺势下弯，曲线十分优美，皆打磨细致，传带做法十分用心。

床顶缺失，从此床的风格来看，床顶应该是平面造法。床屉藤编后修，原来在床边压条下有残留的丝条，白中带灰，可见原来的床屉为丝编，用丝造软屉，独见此例。

此床造型简练平素、沉穆大方，具清雅秀气之感、浪漫优雅之气质。用料精细，木纹彰显，包浆醇厚。整体比例尺度均臻至完美，属明式家具中之佳作。可谓"匿大美于无形，藏万象于极简"。

架子床是有柱有顶床的统称，有四种常见的形式：

1. 最基本的形式是三面设围子，四角有立柱，上承床顶，顶下一周有挂檐，或称横眉。这种形制称"四柱床"。

2. 较上例稍复杂的一种是在前面床沿加两根门柱，门柱与柱角间还加两块方围子，这种形制称"六柱床"。传世架子床以六柱为多，四柱较为少见。

3. 更复杂的架子床是正面安装"月洞式"门罩。

4. 更大的架子床，前面设浅廊道，廊道上可放小桌及杌凳，称为"拔步床"。

---

[1]　"栏杆信画化而成，减便为雅。古之回文万字，一概屏去，少留凉床佛座之用，园屋间一不可制也。予历数年，存式百状，有工而精，有减而文，依次序变幻，式之于左，便为摘用。以笔管式为始，近有将篆字制栏杆者，况理画不匀，意不联络。予斯式中，尚觉未尽，尽可粉饰。"参照：计成《园冶》，武进陶氏涉园本，刻本，卷二。崇祯四年（1631）成稿，崇祯七年（1634）刊行。全书共三卷，附图235 幅。

榉榛木六柱架子床正斜面

一角处的弯带

底部穿带

腿足

榨榛木六柱架子床正面

5. 黄花梨四柱架子床（万子围子）

尺寸　宽221厘米　深142厘米　高218.5厘米
年代　清初
产地　浙江绍兴

　　架子床最早出现的画例有东晋顾恺之《女史箴图》中的架子床，床座为四面平壶门式。四角立柱，上有顶，四周有帷幔，立柱采用高围屏式。围屏正面攒框镶板，背面攒框中间为小格子装饰，围屏在人的腋下，高于后世的床围。

　　此床为带围子架子床，四角立柱，故又名"四杜床"。立柱为方材，四面采用委角线脚工艺，三面装有罗锅式悬枨，罗锅枨两侧倒圆形成混面，上下平做。上安设承顶架，床帽檐边抹素混面，正面两侧出榫，制成三段分格楣板，透雕螭龙相戏纹，体态犹如卷云化出，律动写实，楣板的挂角设有透雕有回首螭龙纹，其余三面则以简洁洗练的卷叶花牙子装饰。

　　床围子用短材攒斗打凹，使用万子不到头纹饰，工整如织，精巧细致。正面立柱及大边上留有三处榫眼，应有站角牙子，现图两侧为透雕螭龙携子纹站牙后配，为后人臆造。

　　床座有束腰，三叠式边抹上舒下敛造出冰盘沿，壶门式牙板上浮雕交茎蔓草纹，纹饰舒展流畅，三弯腿足，腿肩浅浮雕花叶，足端雕饰回云纹。

　　此床为清初江南之器，床面上的藤屉完整保留，尚能使用，架子床是由南方率先流行起来的，至明中叶开始流传到北方。

东晋　顾恺之《女史箴图》中的架子床

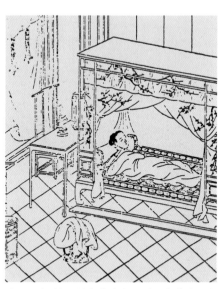

明　万历版画刻本《诗余画谱·菩萨蛮·秋闺》中的架子床

黄花梨四柱架子床

6. 柏木无束腰梗面脚踏

尺寸　长64.5厘米 宽19厘米 高17.5厘米
年代　明
产地　浙江嘉善

　　柏木无束腰脚踏，独板厚面，全身不起线。面喷出作带帽状。面挺锼成"厅竹圆"，即"竹片浑"。冰盘沿素混面，上舒下敛至底部压边线，踏面之下皆平面做法，直牙条与腿格角相接，内侧挖成大交圈。直腿侧脚，形成稳固之势，内翻马蹄，马蹄兜转，马蹄造型为浅马蹄样式。

　　此脚踏是明代家庭日用器物，造型厚拙淳朴，髹朱砂漆，底部厚批黑灰，漆灰基本脱落。做工规矩，颇具古意，年份可追到嘉万之际。这张脚踏与明万历潘允徵墓出土的脚踏明器形制一样，其风格更加古朴。

　　脚踏自唐、宋、元以来，通常是配合椅子和床榻等家具使用的。在宋代常见一些扶手椅和脚踏连成一体的做法，交杌和交椅则有直接安装脚踏的形制。清代有一种带有多抽屉的书桌，中间有体制较大的方形脚踏，与上述的脚踏不同，它只是书桌的附件。

　　脚踏原为床榻、坐具的附件，古形制多与床身造型类似，造型为壶门箱体式，较早的画例出现在唐代画家卢棱伽的《六尊者像》中，脚踏为壶门箱体式带四足。明代较常见的是有束腰、方材、内翻马蹄的形制，无束腰直足形制，四面平形制。还有一种面上安有滚轴的，称为"滚凳"。

底部

柏木无束腰梗面脚踏侧面

柏木无束腰梗面脚踏正面

7. 榉木有束腰脚踏

尺寸　长 60.5 厘米　宽 30.5 厘米　高 15.5 厘米
年代　清初
产地　江苏常熟

此为有束腰内翻马蹄足脚踏，踏面装四根
直档，采用与抹头齐头碰造法，中间两根横档
贯穿其中。全身不起线，面喷出作戴帽状。面
挺微抛圆，形成素混面，三叠式冰盘沿，线脚
利落。平地束腰，牙子与束腰一木连做。直牙
条与腿格角相接，鼓腿彭牙，腿内侧挖成双交
圈，顺势而下翻成浅马蹄，马蹄兜转甚多，小
马蹄形制优美，翻卷的曲线极其优美。底部厚
批黑灰，属于古代家具中非常考究的做法。

此脚踏用料考究，榉木鸡翅纹彰显，精工
细作，形制优美，制作的年份约在康熙年间。

底部漆里

踏面

明　万历版画刻本《鲁班
经匠家镜》中的脚踏

榉木有束腰脚踏正面

榉木有束腰脚踏正斜面

六　其他家具

1.鸡翅木须弥座式佛龛（残件）

尺寸　长28厘米　宽15厘米　高15.6厘米
年代　明中期
产地　古徽州

西汉　五花石六博棋桌

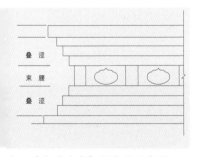

（传）北宋　李公麟《维摩演教图》
中的须弥座

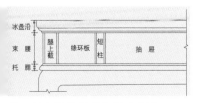

宋　《营造法式》须弥座示意图

明　高束腰条桌高束腰示意图

　　此佛龛上面部分都已缺失，只剩底座，座为有束腰椭圆形结体，造型类似须弥座样式，器形饱满，线脚工艺丰富，气息高古，工艺精湛。

　　边抹为三叠式冰盘沿，上段宽线打洼，沿下内缩起混面，至底部压平线，底部起宽线打洼。高束腰，阳线浮雕海棠形纹饰，前后海棠形纹饰两端委角出尖角，两侧棠形纹饰委角做成半圆形，工艺精美，可见当时工匠非常注重细节的处理。

　　座子选料精美，鸡翅木纹彰显。造型古雅，线条精致有力，皮壳老辣，造型独具一格，工艺精湛，具古代气息，是一件明代较早期的制品，制作年份可追到明中期或更早一些。

　　有束腰家具源于佛教须弥座，叠涩做法在汉代就有实例，如图中的汉代五花石六博棋桌，边抹做法类似须弥座的叠涩部分，两足之间渐进式向上延伸叠加。唐代《宫乐图》中的大案边抹呈叠涩式，造型仿效须弥座样式，后来发展成有束腰结构的家具。宋代带束腰的家具的边抹，束腰大多是平面，形制与建筑中的须弥座相符合。到了明代，由于家具制式的成熟化，有束腰家具的制作工艺在须弥座的基础上得以极大地发挥，如腿上截露明，边抹上造出冰盘沿，在托腮位置起线脚，在嵌装的绦环板上修饰各种纹饰，等等。

鸡翅木须弥座式佛龛正面

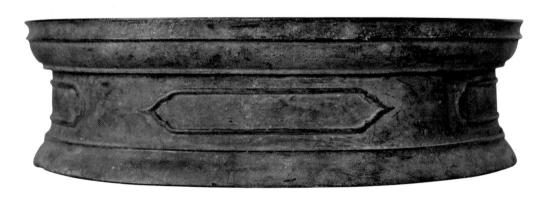

侧面

底面

局部

2. 榉木有束腰长方几

尺寸　长33厘米 宽16.5厘米 高5厘米
年代　明
产地　江苏苏州

　　此几为一木整挖而成，边抹素混面造出冰盘沿，平地束腰，牙条上造出波折的壶门轮廓，线条抑扬有致、圆转自如。腿肩彭出，鼓腿彭牙式，牙板与腿足沿边起饱满的阳线，内翻小马蹄，马蹄兜转甚多，极具力度。

　　通体用高密度的鸡翅榉制成，呈褐色，面板选用榉木根料，盘根错节，纹理十分优美，质地坚硬，包浆老辣，木质风化。

　　其造型粗拙古朴，制作手法自然率性，底部保留刀凿痕，只是稍做打磨处理，手工味极浓，具明代形制和工艺特征。

壶门牙板

榉木有束腰长方几

面板纹理

底部

腿足

3. 黄花梨无束腰插肩榫板足式案上几

尺寸　长 48.3 厘米　宽 19.2 厘米　高 16.4 厘米

年代　明

产地　上海松江

此案上几属于尺寸较大的一例，无束腰插肩榫结构，板足式案形结体，造型简约光素，器形浑成质朴，意趣古雅。

几面厚面独板，厚板拍抹头，翘头与抹头一木连做，包掩两侧端面木纹，翘头倾斜上扬后勾，形如鸟喙，与底部厚板格角相交，做法考究。底部厚批黑灰，灰皮基本脱落。冰盘上舒下敛，形成素混面，底部微微打洼线，采用碗口线脚工艺，处理手法内敛含蓄。腿足厚板造成三弯式，足端略外翻，曲线圆婉合度。板足中间透雕上翻云纹[1]，形象生动，线条流畅，刀法快劲，寓遒劲于委婉之中，也是此案的点睛之笔。云纹至少在东晋已用于家具的装饰，唐卢棱伽《六尊者像》中有一张箱式结体脚踏，也出现了云纹装饰。

此案上几素牙条与腿足迎面平面做法，腿足与牙子吊头内侧做成大交圈，断面形成曲尺弧线，线条极其优美，保留唐代壸门床脚的痕迹。

板足式家具最早出现的案例为商代的青铜俎，宋以前的家具大多采用板结构，这件案上几秉承古制，小器大作，榫卯采用明代工艺，凿枘工巧，造型优美，色泽沉稳，古朴典雅，是一件艺术水准极高的明代小型黄花梨家具，所见明代案上几以此为佳。制作年份可追到万历早期至嘉靖。

案上几较早的实例有唐代陕西法门寺地宫出土的银制小几，板足式结构，尺寸长 15.5 厘米、宽 9.5 厘米、高 10.5 厘米、重 506.5 克。面板独板带翘头，板足弯曲，底部两根直枨与足端连接。在宋画和明代的绘画中较多出现案上小几的画例。

东晋　顾恺之《洛神赋图》中矮榻开光处的云头纹饰

唐　法门寺地宫出土的银小几

---

[1] 云纹：云纹的形态变化较多，有单独完整、左右对称云头，为案子的牙头、挡板、椅子的背板上常用的纹饰。

黄花梨无束腰插肩榫板足式案上几

一木连做翘头及冰盘沿细图

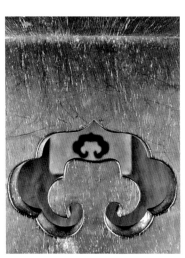

云头纹饰

腿足及底部

4. 黄花梨无束腰剑腿带翘头案上几

尺寸　长45厘米　宽17.5厘米　高15厘米
年代　明
产地　江苏常州

这件案上几的形制秉承古制，具早古代家具气息。几为无束腰插肩榫案形结体，尺寸稍大于常见的案上几。案面厚面独板。两头抹头与翘头一木连做，两侧翘头皆为后配。两侧挡板用厚板整挖，透雕左右对称云纹，镂刻甚精，曲线优美，形态俏丽多姿。冰盘沿素混面内缩至底部压边线。素牙板，两侧吊头和腿足上端皆造出混面，做法并不常见，通常做法是牙板和腿足均用平面造法。

腿足"挖缺"做，牙条与吊头及与腿结合处的内侧大挖曲线，形成大交圈，保留了壶门床脚的造型特点，线条圆劲有力。腿子中下部位的突出部分剜出卷转花叶，双双上翘，与之下的宝瓶子式足连成一体，下有托子，托子下舒上敛抛圆形成混面，上面平做，底部挖缺。

此几的皮壳稍有清理，甚为可惜，应是为了修配翘头之故，为了色泽统一，顺了一下皮壳包浆。所幸皮壳没有被过度清理，现存的状态皮壳浅淡，色泽黄中泛红，下部泛白，包浆温润清雅。

此案立意和制作水准极高，材美工精，气息高古，独具一格，与上例的案上几不分伯仲，气息与上海宝山冶炼厂明成化李姓墓中出土罗汉床类似，因此我们有理由把这件案上几的制作年份至少断到万历早期到嘉靖年间或更早一些。

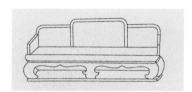

明　上海宝山冶炼厂李姓墓中出土的罗汉床

原始照片

黄花梨无束腰剑腿带翘头案上几左侧正斜面图

盘沿、牙板及腿足

黄花梨无束腰剑腿带翘头案上几右侧正斜面图

5. 硬木有束腰三弯腿带翘头案上几

尺寸　长35厘米　宽9.3厘米　高15厘米

年代　清初

产地　江苏南通

　　此几为有束腰带翘头桌形结体，正面边抹两处透榫，上部平做，沿下打洼，斜收内缩至底部平做，线脚丰富，类似须弥座中叠涩式的做法。平地束腰，牙板造出波折起伏的壶门式轮廓，沿线起阳线，牙板与腿大弧度交圈，这种大交圈的做法需大料挖出。抱肩榫[1]，腿肩彭出，腿与牙条上弧度混成一体。三弯腿，足下部回卷，足端方形结束。

　　此几色泽沉稳，质地细腻，包浆温润，形制独特，工艺精细娴熟，打磨光洁，线条精致有力。制作年份在康熙之前。

　　藏家早年购于苏州，从冰盘沿明榫做法及形制特点来看，应是苏北南通地区的物件。

---

[1]　抱肩榫：腿足顶端出长短榫，只是在束腰的部位以下，切出45°斜肩，并凿出三角榫眼，以便与牙子的45°斜肩及三角形的榫舌拍合。肩上有的还留做挂销，与牙子的槽口套挂。

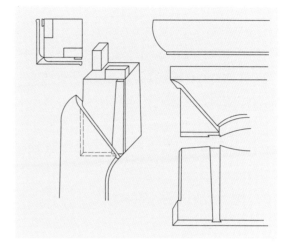

有束腰家具抱肩榫的榫卯结构示意图

硬木有束腰三弯腿带翘头案上几正面图

6. 黄花梨掀盖式书箱

尺寸　长 38 厘米 宽 19 厘米 高 16.7 厘米

年代　明

产地　江苏

此小箱全身光素，顶盖微隆起，沿边渐渐收薄，至末端薄如韭叶，盖子与箱口起扁线，扁线制作线脚工艺的产生相对早于圆线线脚工艺。盖盒立墙转角委角做法，做法十分少见，采用闷榫燕尾榫[1]结合，箱子下端起碗口线。正面铜面叶镶四簇如意云纹，寓意"事事如意"。铜面叶中间起扁线与箱子的线条相连，属于考究的做法，拍子为云头形，长方铜钮，打洼上下起委角线。铜饰件采用卧槽平镶，铜饰件表面与箱子齐，包嵌工艺精湛。两侧安方提环，提环锈迹斑斑，为原始包浆，正面的铜饰件被清理过。

明　《忠义水浒传》中的各种大小不一箱子

此箱子用料极其考究，木纹在黄花梨家具中属最优美之列，用黄花梨料中的"油梨"[2]制成，大花纹生动瑰丽，鬼脸团团，纹理如行云流水。箱子细节处理极为精致，打磨精细，素气雅洁，包浆厚熟，在黄花梨书箱中属于十分优秀的一例。

此黄花梨书箱与上海宝山明嘉靖至万历朱守城夫妻墓出土的紫檀、黄花梨小件器物的制作工艺以及气息别无二致，因此我们至少可以把这件黄花梨书箱的制作年份断到明万历中期。

箱子为古时庋具的一种，是一种储藏衣物的小型家具，使用竹编或木材制作，最早的实例有战国曾侯乙墓出土的衣箱，五代周文矩《琉璃堂人物图》中绘有一例黑漆盝顶箱。两宋时期箱子的形式和种类开始增多，以浙江瑞安出土的北宋堆漆描金盝顶箱为代表。北宋堆漆描金盝顶箱属于佛教礼仪用途的经函，明代则出现类型诸多的奁、匣、盒等小型的箱子，其用途分类较细。

[1]　燕尾榫：指两块平板角接合的榫卯工艺，两块板开直榫结合，拍合后直角只见一条细缝，开榫处形状有大小头，形如燕尾，故称"燕尾榫"。燕尾榫分明榫与闷榫两种做法，闷榫做法更为精巧，工艺难度更高。

[2]　油梨：出自海南东方市八所镇，属于黄花梨木料中最好的一种，纹理优美，大花纹，多鬼脸。

凡可藏物有顶盖的家具称箱盒，明式箱盒具有七个基本种类：

1. 小箱：拜帖匣、小书箱。

2. 衣箱：尺寸远大于小箱。

3. 印匣：多为盝顶式，大多髹漆，采用如戗金、嵌螺钿、剔红、填漆等工艺制作。

4. 轿箱：在轿子上使用的箱具。

5. 药箱：正面开门或插门式，抽屉较多。

6. 官皮箱：传世实物较多，为明人闺房之物，并非衙署用，有平顶和盝顶两种制式。

7. 提盒：主要是在出行时，用来盛放实物或存放玉石印章、文玩。大小悬殊，小的可一手提挈，大的需两人抬，有"杠箱"之称。

箱盒存世量较多，用途较为广泛，造型大多为长方形，使用的木材有黄花梨、紫檀、红木等硬木，其中以黄花梨制居多，也有用榉木、楠木、瘿木等软木材质的，也有采用漆木、大漆工艺制作的。

当时主要用来存放文书或细软等物品，常见的小箱一般正面都有铜件锁鼻，可以加锁，面页多为圆形，方形与花瓣形则较少，拍子大多为云头形，两侧安提环，提环或方形或圆形，立墙四角一般用明榫或铜件包嵌，顶盖有光素和四角镶如意、云纹铜饰件装饰等做法。紫檀、黄花梨箱子大多在盖子与箱口起线，常见的小箱宽度都在40厘米之内，大于40厘米的并不多见。

黄花梨掀盖式书箱正面图

正面铜饰件特写

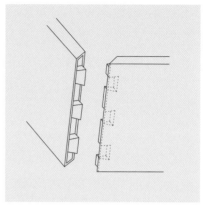

闷榫燕尾榫结构示意图

黄花梨掀盖式书箱正斜面

7. 黄花梨交泰式方捧盒

尺寸　长 21 厘米　宽 14.5 厘米　高 12 厘米
年代　明末清初
产地　山西

　　盒为交泰式，"天地交泰，华夷辑睦"。
此盒是一件素雅精致的文房用具，做法是在子
口位置只铲去两边部分，使中间突出，形如
"凸"字形，母口正好相反，成"凹"字形，
盖与盒相合后相互交错。这种交泰的做法比常
见的子母口平接的盖盒费料，工艺难度要高，
但盖盒相互咬合，严丝合缝，牢固度很高。

　　盒为长方形，全身光素，盖顶稍抛圆，形
成素混面，边缘渐薄，立墙四角用明榫燕尾榫
结合，盒底挖缺，形成四足。

　　交泰式方捧盒存世量非常少，此盒尺寸小
巧，形制优美，用料考究，油性十足，黄花梨
木材特有的麦穗纹特点明显。色彩瑰丽，鬼脸
若隐若现，熟皮壳，皮壳稍有清理，造型略显
单薄，制作年份可到明末清初。

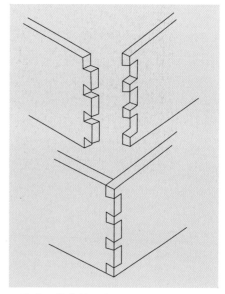

明榫燕尾榫结构示意图

黄花梨交泰式方捧盒正斜面

黄花梨交泰式方捧盒正面

8. 黄花梨大轿箱

尺寸　长 71.5 厘米 宽 18 厘米 高 13.5 厘米

年代　清初

产地　山西

轿箱是古代官吏、士绅在乘轿子时使用的储物箱，造型是长方箱子的两端箱底各切除方块缺口，这是为了可以架搭在两根轿杠上。

此轿箱造型简素，制作工艺严谨，箱体顶盖微隆起，沿边渐渐收，至末端薄如韭叶。盖子与箱口起阳线，正面饰方铜面叶，铜面叶起阳线与箱子的线条跟通，正面铜饰件不作拍子式，而作长方钮状暗锁。箱体所有角位皆用铜饰件包镶，背面安长方形合页。铜饰件自然氧化，皆锈迹斑斑。箱内中部有浅屉，两端有侧室。

此轿箱为原始状态，色泽枣红，包浆醇厚老辣，未做任何清理，殊为难得。箱体用料考究，打磨精细，素气雅洁，不足之处是造型略显单薄，在轿箱中属于尺寸较大的一例。制作年份应在康熙到雍正年间。

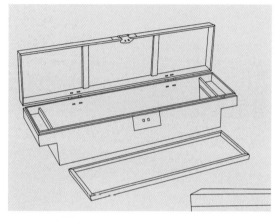

轿箱内部结构图

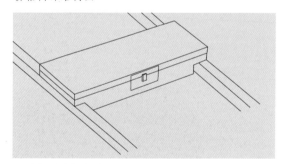

轿箱架搭在轿杠上的示意图

黄花梨大轿箱正面

黄花梨大轿箱背面

9. 朱红漆盝顶官印箱

尺寸　长26厘米 宽26厘米 高28.5厘米
年代　明
产地　古徽州

盝顶造型是印箱最基本的形式。此印箱采用大漆工艺，髹朱漆，色泽纯正。盝顶式，顶盖四角镶如意抱角花，箱下有托泥，四面挖出弯曲壸门弧线轮廓。正面铜饰件不作拍子式，而作管子状，它与两旁边的锁鼻同高，可以加锁。这种形制早于拍子式，明代以前已经流行。所有角位用铁錽金属包镶加铆钉固定，两侧安提环，皆有鼓钉固定，饰件粗犷饱满，铁錽金属饰件皆锈迹斑斑，古意甚浓。

此盝顶官印箱秉承古制，形制与五代周文矩《重屏会棋图》的一具盝顶箱类似，实例有明洪武年间朱檀墓出土的朱漆戗金云龙纹盝顶箱，在明代的绘画中则出现较多此种形制的印箱。从此箱的工艺特点、造型风格、漆皮的风化状态来看，其制作的年代可追溯到明早期。

五代　周文矩《重屏会棋图》中的盝顶箱

明　朱檀墓出土的朱漆戗金云龙纹盝顶箱图

明　《西厢记》版画刻本中的印匣

朱红漆盝顶官印箱的正斜面

朱红漆盝顶官印箱的正面

顶面

10. 黄花梨折叠式镜台

尺寸　宽35厘米 深35厘米 高20厘米
年代　明末清初
产地　山西

折叠式镜台是在镜架的基础上发展而来的家具。镜台为方形结体，顶部落堂后装板，形成盘子造型，便于存放镜架。

此折叠镜架设计严谨，集都承盘、镜架、抽屉为一体，方便出行携带。上面的镜架可以平放，折叠后与盘沿齐平，支起来约成60°的斜面，用方料格肩攒斗而成，看面抛圆，绦环板透雕梅花、枣花纹，下层正中一格安荷叶式托子，可上下移动，上面可置铜镜。

台座设抽屉三具，内翻小马蹄，马蹄内侧弧线较方，线条不够顺畅。所见这类台座的马蹄大多为这种造型，应是下框都是平直，无法做成交圈之故。

整体用料经过精选，花纹如行云流水般。长抽屉选料极为考究，深色花纹如旋涡从中间向周边自然旋转，纹理优美，包浆醇熟，色泽瑰丽，油性足，为传世皮壳，属于精制的明末清初小型家具。明版画刻本《牡丹亭还魂记》中有一具造型类似的折叠式镜台。

镜架是形如书帖架的一种梳妆用具，以造型简约的折叠式为主，宋代已经流行，在北宋画家苏汉臣的《妆靓仕女图》中即绘有镜架，北宋王诜《绣栊晓镜图》绘有镜台，元代出土有银质交椅式镜架的实例。明代版画刻本中有大量镜架出现。

明式折叠式镜架至少有四种形式：

1. 折叠式镜架：底部为方盘或长方框架，架子底部出轴与盘墙相连，造型类似书帖架。

2. 折叠式镜台：在镜架的基础上发展而来，架下增加了台座，两开门，内设抽屉或为抽屉式，抽屉式如本文中的镜台。

3. 宝座式镜台：从宋代扶手椅式镜台发展而来。

4. 屏风式镜台：在宝座式的基础上加上了屏风。

清式的镜台有折叠翻盖式，长方形造型，盖内设有涂水银的玻璃镜子，大多用红木和杂木制成。

黄花梨折叠镜架

黄花梨宝座式镜台

黄花梨五屏风式镜台

黄花梨折叠式镜台正斜面

黄花梨折叠式镜台正面

镜台台座

11. 黄花梨平顶喜上眉梢纹奁箱

尺寸　宽31厘米 深23厘米 高31厘米
年代　清初
产地　山西

此奁箱为掀盖式，与黄花梨官皮箱做法一致，箱下有托泥。
箱盖平顶，盖下有折叠的镜架，镜架可以平放，支起来约成60°
的斜面，用方料格肩攒斗而成，看面素混面，绦环板透雕梅花、
灵芝草，正中的纹饰类似菱花纹，所见黄花梨镜架基本上都雕饰
同样的纹饰，这似乎成了明清两代镜架的一种固定纹饰。下面正
中一格安荷叶式托，上面可置铜镜。两扇门对开，门上缘留有子
口，顶盖关好后，扣住子口，两扇门就不能打开。门里面通常设
二层抽屉。两扇门的装心板一圈委角，浮雕喜上眉梢纹。

铜饰件采用卧槽平镶，饰件表面与箱子齐平。箱盖立墙四角
用长方铜饰件包嵌，顶盖用如意云头形白铜包嵌，箱体与箱盖背
后安长方形合页，正面为圆形面页，拍子为云头形开口与钮头合
拍，下安长方面页，吊牌为宝瓶式，两侧有提环。

箱子做工考究，打磨精细，用料考究，色泽瑰丽，油性足，
包浆醇熟，为传世皮壳。从箱子带有镜架的形制和门上花纹题材
来看，应是富贵之家闺房小姐的妆奁用具，制作年代约在康雍
之际。

奁箱存世量较多，也称官皮箱，形制尺寸差别不大，是比较
标准化的箱具，用以存放各类物品，虽无镜箱或奁具之名，从功
能来看应是梳妆用具，属于富贵人家的家用之物，并非衙门官府
的专门用具。"官皮箱"之名的由来尚待考，明代小说《平妖传》
中对其有"小官箱"之称。

明式官皮箱有平顶和盝顶两种形制，工艺上有光素的，也有
雕饰的，顶盖下平屉内可装镜架，可卧可立，供梳妆之用，早期
的做法多为插门式，后来被两开门式取代。

盝顶式黄花梨素官皮箱

黄花梨平顶喜上眉梢纹奁箱正面

黄花梨平顶喜上眉梢纹奁箱
镜架支起的状况

黄花梨平顶喜上眉梢纹奁箱正斜面

12.黄花梨如意云头懒架（书帖架）

尺寸　高15厘米　宽15厘米
年代　晚明
产地　江苏扬州

　　此黄花梨书帖架为开合式，是宝瓶式支架，可支承书帖，不用时可折叠平放。搭脑为罗锅枨式，两端雕饰如意云头，架子为圆材，采用圆材丁字形结合的榫卯结构。

　　座子为方材，两端倒圆，两侧底框出明榫，造型虽然简单，在细节处理上却较为用心，体现出明式家具简约而不简单的设计理念。

　　此书帖子架尺寸非常小，亦用亦玩，整洁素气，应该是一件明代文人特制的案头雅玩。整体做工规矩，打磨精细，皮壳有所清理，非原始包浆。制作年代可入明。

　　四川泸县奇峰镇一号墓的宋代石刻中出现过折叠镜架或帖架。明代所制的黄花梨书帖架和镜架，形制基本一致，其区别就在于正中的托子形制，镜架的托子为弧形，有荷叶形、银锭形等，上面弧形正好搁置圆镜，而书帖架托子是平面的，可用来摆放书帖。

宋　宋墓石刻中的折叠镜架或帖架（四川泸县奇峰镇一号墓）

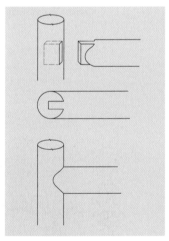

圆材丁字形结合榫卯结构示意图（横、竖材粗细相等）

黄花梨如意云头懒架

如意云头搭脑

黄花梨如意云头懒架合拢的状态

13. 黄花梨葵口螭虎纹笔筒

尺寸　口径21厘米 高19厘米
年代　明末
产地　河北

此笔筒口沿为葵口纹饰，筒壁周身铲地浮雕，雕刻成四组连绵不断的蜿蜒线条，线条外翻，类似碗口线工艺，纹饰饱满，曲线流畅优美。在每一组中间分别雕饰螭虎纹[1]衔灵芝和螭虎与玉兰的组合，螭虎头为"猫脸"形象，整体雕刻刀法快利，底部凿雕出错落有致的山峦，连峰起伏，形成层峦叠嶂之势。

笔筒的皮壳枣红，包浆老辣，属于北方皮壳包浆。包浆醇厚，有点油腻腻的感觉，江南的一般色泽会淡雅一些，皮壳相对要温润。此笔筒设计新奇，布局疏密有致，构思巧妙，属于笔筒中较为华贵的一类。

笔筒在古代文房诸器中为最普遍使用的案头之物，在明清时期有大量制作，其中以黄花梨的存世量为多。

笔筒最早出现的年代目前尚无定论，文献对笔筒有过记载：三国吴陆玑《毛诗草木鸟兽虫鱼疏》中提及笔筒"螟蛉有子"条"取桑虫负之于木空中，或书简笔筒中，名'裒钟'七日而化"。宋佚名《致虚杂俎》记载："羲之有巧石笔架，名'扈斑'。献之有斑竹笔筒，名'裒钟'，皆世无其匹。"根据对以上两段文字的解析，这些笔筒应该属于笔套，只能容一支笔，与明清时流行使用的笔筒形制、用法迥异，明清时期的笔筒则更像"桶"，可收纳若干支笔。

明文震亨《长物志》对笔筒有详细的描绘："（笔筒）湘竹、栟榈者佳，毛竹以古铜镶者为雅，紫檀、乌木、花梨亦间可用，忌八棱花式。陶者有古白定竹节者，最贵，然艰得大者，冬青磁细花及宣窑者，俱可用。"明屠隆在《考槃余事·文房器具笺》记述："（笔筒）湘竹为之，以紫檀、乌木棱口镶座为雅，余不入品。"

在宋代和明早期的画例中并未出现笔筒，宋代笔筒是否存在与明清笔筒一样的形制，现亦无法考证，以后是否能在墓葬中发现尚未可知。明代中晚期的绘画、版画刻本中则出现较多造型各异的笔筒画例。最早实例有上海宝山明万历朱守诚墓出土的紫檀笔筒和竹笔筒，据此可以证明至少在嘉靖晚期，笔筒已经流行起来。

黄花梨竹节笔筒

黄花梨葵口笔筒

黄花梨笔筒：上起扁下起扁线打洼

---

[1] 螭虎纹是和龙纹非常接近的纹饰，故又有"螭虎龙"之称，头和爪已不太像龙，而是汲取了走兽的形象，身躯亦不刻鳞甲，体态较瘦。设计比较自由，造型常为蜷转圆弧。

口沿细图

山石纹

螭虎纹

黄花梨葵口螭虎纹笔筒

14. 黄花梨雕根瘤笔卷筒

尺寸　口径17厘米 高17厘米

年代　清初

产地　山西

　　笔筒壁上有瘿节，不施雕饰的笔筒被称为"树瘤笔筒"或"随形笔筒"。实际上这种树瘤笔筒都经过刀凿铲削，皆为人为加工，并非天然。

　　仿天然木是明清两代硬木笔筒常见的一种雕饰手法，以黄花梨、紫檀较为常见。做法是取木材的根料，利用木材的结疤，依形就势进行人工雕刻，在似与不似间雕琢成器，形成随形笔筒。

　　此笔筒造型饱满，用整料雕琢而成，筒壁上雕饰有不同形状的树瘤，布局合理，层次丰富。雕刻手法大刀阔斧，壮硕雄浑，具雕塑般的气质。笔筒用料厚实，质地坚硬，用黄花梨中最好的油梨料制成，鬼脸若隐若现。笔筒上部黝黑，底部自然发白，包浆醇厚，层次丰富，制作的年份约在康雍之际。

黄花梨雕根瘤笔卷筒（局部）

黄花梨雕根瘤笔卷筒

15. 柞榛木仿天然木随形雕笔卷筒（笔海）

尺寸　口径24厘米　高25.8厘米

年代　明末

产地　江苏南通

　　此笔海取柞榛枯木一段，随形就势，巧得意趣，若山石沟壑，布满孔窦，肌理弯曲起伏，磨制圆润。口沿与底足覆以杂木制作成形，皆委角起线，工艺精美。

　　笔海尺寸硕大，壮硕浑厚。整体布局疏密有致，立意和制作水准极高，极工巧之事，宛若天成。属于一件雕琢十分成功的随形笔海。

　　筒壁经过盘整，揉搓把玩，显得油光锃亮，原皮壳已被破坏，甚是可惜。年份可追溯到明。

局部肌理

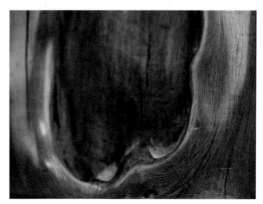

局部肌理

柞榛木仿天然木随形雕笔卷筒（笔海）

16. 黄花梨大花瓣瓜棱围棋罐（盖缺失）

尺寸　口径 12.5 厘米 高 7 厘米

年代　明

产地　上海

此围棋罐体形若南瓜，肩宽腹鼓，一木整雕十瓣瓜瓣，两瓣为一组，起棱线。在每一组瓜瓣中皆有对称鬼脸，木纹毕现，狸斑纷然入目，瑰丽而绚烂，天然纹理之美，令人叹为观止。

此围棋罐比常见的围棋罐要矮，造型饱满，材至美，工至精，制式经典，当属黄花梨围棋罐之精品。整体风化程度较高，上部色泽呈灰黄色状，底部自然发黑。整体色泽淡雅，木质风化起筋，显得苍古。干皮壳，干净整洁，包浆温润，清爽宜人。制作年份可追溯到嘉万之际。

唐　佚名《弈棋仕女图》中的壶门箱体结构围棋板，开光处透雕云头

黄花梨大花瓣瓜棱围棋罐顶面

黄花梨大花瓣瓜棱围棋罐底部

宋韵明风——宋明家具形制与风格

264

黄花梨大花瓣瓜棱围棋罐正面

17. "山居小隐" 楠木书房匾

尺寸　长 150 厘米　宽 45.3 厘米
年代　明
产地　江苏苏州

"茜室" 印章

文选员外郎王穀祥

"山居小隐" 楠木书房匾

　　此匾取金丝楠木为材，木质细腻，纹理优美。"山居小隐" 四个字髹漆灰，字体为隶书，篆字风格。起笔、落笔处大多有连绵不断的小半圆装饰，以刀代笔，字迹清新，顿挫有力，刀法利落，结体张弛有度，有古拙朴厚之妙趣，具古代文人之风，有晋风之美，堪称妙品。

　　此匾因保存状态不佳，有残缺。

　　落款：文选员外郎王穀祥。

　　王穀祥：字禄之，号茜室，长洲（今江苏苏州）人，明代画家，进士，官至吏部员外郎，官场失意，弃官归里，隐居于太湖阴山岛，入文徵明之门，书法主要受吴门书法家影响，笔法苍劲，善写生，渲染有法度，意致独到，即便一枝一叶，亦有声色，为士林所重。王穀祥个性孤傲，中年后不轻易落笔，凡人间所传者，皆为赝本。其书仿晋人，不随羲之、献之之风，擅篆籀八体及摹印，卒年六十八。

　　"山居小隐" 一匾在民间有这样的传说，匾中的四个字可视为王穀祥本人的生活写照，流露出他的处世态度。他于中年归隐时写了这块匾，把匾上的四个字做了意象化的处理。此

匾的"山"写了两人，解读为夫妻两人隐居在山中；"居"中间写成"立"，寓意家中比较清平，没有更多的家具可用，来访者只能立着；"小"字左右一撇一捺，如同袖子，寓意两袖清风；"隐"字少了偏旁"耳"字，寓充耳不闻窗外事。

此匾出自苏州西山，于 2000 年初转到苏州东山承德堂，由周新建先生收藏。

第四章　明式家具的用材

中国古代家具制作以木材为主，明代以前的家具大多以漆木为主。细木在明代开始大量用于家具制作，其主要分硬木和软木两大类。

硬木：黄花梨、紫檀、乌木、鸡翅木、铁梨木、酸枝、花梨木等。

软木：北方主要有榆木、槐木、核桃木、桦木、柞木等，其中以榆木制作的家具数量为多；南方在长江流域主要有榉木、楠木、柏木、柞榛木、黄杨木、红豆杉、香榧、香椿、杉木等制作的家具，江南地区以江苏、浙江、上海、安徽皖南地区的榉木、柏木家具最为常见，柞榛木家具主要产自江苏南通，在江南其他地区只有少量制作。

一　紫檀木

紫檀

紫檀为常绿大乔木，树干通直，产于印度南部迈索乐邦，自古以来，紫檀就被认为是最名贵的木材。紫檀木质坚重细致，入水即沉，棕色，俗称小叶紫檀。

在各种硬木中，紫檀质地最为紧密，分量最重，紫檀有牛毛纹紫檀、金星紫檀之别。紫檀是明中晚期至清中期优质的家具用材，紫檀无大料，十檀九空，故紫檀所制的大型家具都采用拼板，如平头案的面心板、橱门都多是三拼、四拼乃至五拼。目前在明清家具中，以紫檀家具的价格相对最高，从家具的制作年份来看，紫檀家具制作的时间大多是明晚期到清中期，其中明式家具和清式家具皆有制品，以清式为多，且以雕刻繁复的清宫家具为主。

现藏于日本奈良东大寺正仓院的唐代围棋棋局、紫檀凭几、紫檀琵琶等，皆用檀嵌螺钿制成，不过这些紫檀制品并非由紫檀实木所制，而是采用紫檀贴皮制成的。宋代、元代对紫檀的使用情况有过文献记载，明隆庆年间《两浙南关榷事书》开列"各样木价"[1]，记载了紫檀价格要高出其他硬木一倍至五倍之多。

---

[1] 明人编：《两浙南关榷事书》，明刊本，卷首有隆庆元年（1567）关吏信州扬时乔序。北京图书馆藏善本。

二　黄花梨木

　　黄花梨为落叶乔木，学名海南降香黄檀。因其木屑可做香料，浸水饮用可治高血压症，又名降香木、降压木，广东人称之为香枝，属豆科植物蝶形花亚科黄檀属，是一种极为名贵的木材。主要产于中国海南省。材料很大，木质坚硬，颜色由浅黄到赤紫，琥珀质感和缎纹特点非常突出，花纹优美，色泽鲜艳，纹理千变万化，活结处带有变化丰富的"鬼脸"。黄花梨以海南西南部的东方市八所镇一带最好，比重大、油性足，花纹极其优美，也就是我们今天所说的"油梨"。

　　明宣德二年（1427）进士王佐的《新增格古要论》对花梨的产地与木性做了详细的描述，称它和降香相似，亦有香，其花有鬼面者可爱。明嘉靖、万历至清康熙、雍正期间，黄花梨被大量用于家具制作，是明代至清前期硬木家具的主要用材之一。黄花梨家具造型以明式为主，造型素朴，制式优美，工艺精湛。

　　黄花梨家具可代表明式硬木家具的最高水平，目前尚有较多的实例留存。到了清康、雍之后，随着木材资源的枯竭和清宫的审美变化，黄花梨家具逐渐减少。

黄花梨

三　鸡翅木

　　鸡翅木古时称鸂鶒木、杞梓木，是崖豆科和铁刀木属树种，乔木，树高可达二三十米，木材坚重，为名贵家具用材，产于中国福建、广东、广西、云南以及国外的南亚、东南亚、非洲等地。其木质有的白质黑章，有的色分黄紫，斜据木纹呈细花云状，酷似鸡翅膀，肌理细密，有紫褐色深浅相间纹理，特别是纵切面，木纹纤细浮动，变化无穷，给人以羽毛闪烁之感。鸡翅木又有相思木、红豆木之称，可做首饰，是制作家具的良材，明代至清代皆有制品。在明式家具中，鸡翅木有十分精美的家具留存至今。明宣德二年（1427）进士王佐的《新增格古要论》中对鸡翅木材质有过详细的描述。

鸡翅木

四 铁力木

　　铁力木又称铁梨木、铁栗，为常绿大乔木，产于福建、广东、广西等地。其树干直立，高可数十米，直径达数米。明《新增格古要论》记载"东莞人多以作屋"，即在广东、广西多用于梁柱、屏障及家具使用。《南越笔记》记载"黎山中人以为薪，至吴楚间，则重价购之"。在江南地区铁梨木十分珍贵，家具存世且数量极少。铁梨木色泽纹理与鸡翅木相似，质坚硬而沉重，心材淡红色，髓线细美，用其制作家具，经久耐用。因铁力木为硬木树种中最高大的一种，故多用其制作大件家具。

铁力木

　　铁梨木容易起荏，加工及打磨十分困难，对工匠的要求极高。在明代无锡荡口有"铁力坊"，此作坊不一定就只制作铁梨木家具才取名"铁力坊"，主要是铁梨木加工难度极高，如果能把铁梨木家具做好了，其他材质的家具都不在话下。中国古代用铁梨木制作家具的地区主要为广西、福建。江南用铁梨木制作的家具并不多见，明代江南所制的铁梨木家具，通常器形都十分优美，工艺非常精致。

五 乌木

　　乌木属柿树科，常绿大乔木，产于海南、云南、浙江等地。其木坚实如铁，老者纯黑色，光亮如漆，可为器用，被誉为珍木。传世家具用乌木制者为数甚少，只有少量小器物，从中可以看出，乌木并非制作硬木家具的重要材质。

乌木

六 酸枝木

　　酸枝木也称红木，与黄花梨同属豆科植物中的蝶形花亚科黄檀属，主要产自泰国、柬埔寨、越南、老挝、缅甸等地，有红酸枝、黑酸枝和白酸枝之分。因其加工时发出一股醋酸味，广东多称酸枝，江南及长江以北则称红木。酸枝木中以大红酸枝最优，色泽枣红，纹理较粗，木质坚硬，抛光效果好。黑酸枝色泽紫红或紫黑，纹理顺直。白酸枝颜色较浅，色泽接近黄花梨。

酸枝木

红木是最常见的一种硬木，明代及清前期很少用红木制作家具，故从研究明式家具的角度来看，其重要性与其他硬木无法相比。红木是清乾隆中晚期至民国初期才被大量用于家具制作的，家具的形制以清式为主。

七 楠木

楠木为中亚热带樟科常绿大乔木，主要产于中国湖南、湖北、贵州、四川、云南、广西等地。有金丝楠（原名桢楠）、香楠、水楠三种。金丝楠出川涧中，木纹向明视之有金丝，至美者可自然结成山水、虎皮、人物等图案。香楠木微紫而清香，纹理美。楠木色泽淡雅均匀，伸缩性小，加工容易而且耐久稳定，是软木中最好的一种材质。明清两代皆将楠木用于建筑和家具制作，也有用楠木与其他木材夹料制作的家具。元代就有文献记载楠木的使用情况。水楠色清而木质甚松，耐腐蚀。

楠木

明清家具皆有用这三种楠木制作的家具，其中有用楠木瘿与黄花梨、紫檀、榉木夹料制作的家具，用楠木瘿作为面心板使用，所制的家具非常素气雅洁，明式家具中以使用面心板为楠木满面葡萄瘿制作的家具为上品。

明清时期楠木在福建地区有大量的家具制作，且大多用金丝楠木，在江南明式家具制品中存世量比较少，且目前的市场价格要低于榉木。这应该是一个比较奇怪的现象，论材质楠木应该优于榉木。在江南明式家具中，有一种称为"紫楠"的家具，目前尚不知应该归类在上述三种楠木中的哪一类。"紫楠"制作的家具分量很重，密度很高，所见的家具皆年份较早，造型非常优美。

八 榉木

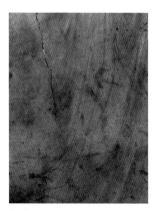

榉木

榉木又作椐木，属榆科，落叶乔木，高数米，在长江流域和江南各省都有分布，按材质分有红榉、血榉、鸡翅榉、黄榉、白榉。其纹理变化丰富，有大花纹，层层如山峦叠翠，以宝塔纹居多，少数呈鸡翅纹。榉木材质坚致耐用有光泽，色纹皆美，用途极广，颇为贵重。

它是江南地区制作家具的良材，自古就被人们所重视。

史料记载榉木从明嘉靖时开始用于家具制作，一直延续到民国，为江南使用最广的木材，目前存有大量的榉木明清家具。明代的榉木家具用料都非常好，木材的密度很高，明代江南的榉木家具杀河工艺十分考究，并留存有造型优美、风格典雅、工艺精湛的榉木家具，这些家具大多以鸡翅榉、血榉、红榉为材，其做工、器形完全可以与黄花梨家具相媲美。有些榉木家具甚至比黄花梨家具还要优秀，目前一些经典的明式榉木家具的价格远超红木家具，大有追赶黄花梨家具价格之势，正如王世襄先生所言："论其艺术价值与历史价值，实不应在其他贵重木材家具之下。"

榉木家具到了清代，由于木材料的处理手段简化，木材的质感远不如明代老龄榉木，所制的家具气质与明代榉木家具有很大的差别，特别是一些用白榉制作的家具，大多柔弱无力，结构松散。

榉木木质坚硬，行话称为"脾气大"，易走形，不耐腐，加工难度较大。目前留存高年份的榉木家具腿足大多糟朽，面心板的子口[1]也大多糟朽，留存至今的明中晚期的家具桌案的高度只剩60~70厘米，椅子的腿足也基本糟朽。

九 柏木

柏木属乔木，分布于中国长江流域及以南地区，树皮淡褐灰色，木质纹理细，质坚，能耐水，材质优良，纹直，结构细且耐腐，以南柏为佳，油性足，不裂不走形，色泽橙黄，肌理细密均匀，近似黄杨，历来是制作家具的良材。

白居易在《文柏床》中曰："玄斑状狸首，素质如截肪。"辽代就有留存至今的柏木家具实例，明嘉靖时期的浙江钱塘人高濂在《遵生八笺》中记载了柏木的使用情况："竹榻……或以花梨、花楠、柏木、大理石镶，种种俱雅，在主人所好用之。"从史料记载来看，柏木用来制作家具的时间要早于榉木家具。

柏木在明清时期大量用于家具制作，其数量远多于榉木。柏木无

柏木

---

[1] 箱合等的盖与口，里外各切去一半，能使相互扣合。

大料，案子的面板三拼、四拼、五拼的较为常见，柜子的门板也通常采用拼板，在江南留存有高年份、制式古朴、形制优美的柏木家具。

十　杉木

杉木属乔木，为亚热带树种，在中国长江流域、秦岭以南地区栽培最广，树皮褐色，树可高达30米。杉木耐腐，体质轻，稳定性好且不易变形，在古建筑和家具上广为使用，许多高古家具皆为杉木制。杉木胎，是髹漆家具的良材，明清时期杉木大多用于家具不外露的地方，如抽屉、后背板、隔层板等。

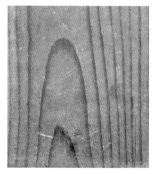

杉木

十一　柞榛木

柞榛木属于常绿小乔木或落叶灌木，生长极其缓慢，柞榛和紫檀一样，十柞九空，十柞九弯，取料极其困难，心材蛋黄色，因含丹宁，年久显褐色黑色。苏、浙、皖、鲁均有生长。木质细密坚韧，木纹清晰雅致。柞榛木家具多出自江苏南通地区，地域性强，所制家具独树一帜。在古徽州也有一定数量的柞榛木家具。

柞榛木

十二　黄杨木

黄杨木为常绿灌木，主要产地为中国长江流域及以南地区。其木质坚致细密，色泽淡雅，佳者色如黄象牙，生长缓慢。因其难长，故无大料，多用于制作小件，用于家具中则为镶嵌、雕刻等的装饰材料。

明嘉靖范濂在《云间据目抄》一书中记载了黄杨木的使用情况："纨绮豪奢，又以椐木不足贵，凡床厨几桌，皆用花梨、瘿木、乌木、相思木（鸡翅木）与黄杨木，极其贵巧，动费万钱，亦俗之一靡也。"

黄杨木

十三　榆木

榆木属榆科，落叶乔木，喜生寒地，主要产于中国华北、东北地

榆木

区，高达数十米。其纹理直，花纹清晰，结构粗，耐湿耐腐，材质略重，弹性好，适宜制作家具。明清两代榆木家具在北方广大地区有大量的制作。

十四　核桃木

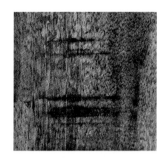
核桃木

核桃木为落叶乔木，主要产于中国华北、西北、西南及长江流域，北方产地为山西。其心、边材区别明显，心材红褐色，边材黄褐色或浅栗褐色。木质结构细有光泽，纹理直或斜，茎切面上有黑褐色斑点，常带有深色条纹，重量、硬度中等。木性稳定，加工容易，切削面光滑，为制作家具的良材。明清两代，在山西、陕西、河北，核桃木是当地的主流家具之一，年代久远的核桃木家具色泽呈灰白色，包浆光亮。

十五　高丽木

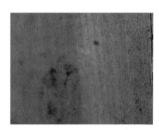
高丽木

高丽木又名麻栗树，柞木，属常绿大灌木或小乔木，高达 15 米，树皮棕灰色，主要分布在东北、华北、西北各地，华中地区亦有少量分布。木质重而细密，易打磨，纹理为如鸟羽一般的点状断纹。明清时期在江南和北方皆有家具制品。

十六　瘿木

瘿木

瘿木也称影木，泛指树木的根部和树干所生的瘿瘤，或指这类木材的纹理特征。有楠木瘿、桦木瘿、榆木瘿、黄花梨瘿、紫檀瘿等。瘿瘤本是树木生病所致，因此数量稀少，大材难得，显得更为珍贵，所以多被用作木器的镶心面料，四周以其他木料包边，在明清家具作为面心板使用的有楠木瘿和桦木瘿。

十七　红豆杉

红豆杉

红豆杉为常绿乔本树木，高达 30 米，胸径可达 1 米，心材橘红色，纹理直，结构细，分布在西北、华北、湖北、四川、江西、安徽南部、浙江、福建等地。明代江南用红豆杉制作的家具存量并不多，在古徽州有少量的红豆杉家具制品，吴地用其制器者甚少。

十八　樟木

樟木为常绿乔木，高数米至数十米，直径有大至 5 米者，产于长江流域及以南广大地区。心材红褐色，边材灰褐色，肌理细而错综有纹，切面滑而有光泽。干燥后不易变形，耐久性强，胶接性良好，可染色处理，油漆后色泽美丽，易于雕刻。木气芬烈，可以驱虫。多用于家具表面装饰材料和箱、匣、柜等存贮用具，在江南建筑上被大量用于木雕制作，所制的家具价格很低。

樟木

十九　香椿木

香椿木为楝科，落叶乔本树木，分布在长江流域，纹理大且粗，在皖南地区有少量用于家具和木雕制作。在优质木材家具中，常用香椿木作家具的后背或抽屉等隐蔽不外露的地方。

香椿木

二十　桦木

桦木属桦科，落叶乔木，产于辽东和西北地区，高十余米。分两种，一为白桦，呈黄白色，一为枫桦，淡红褐色，木质比白桦重。桦木木质略重且硬，有弹性，加工性能良好，切削面光滑，油性佳，适宜为家具表里材。老年桦树易生瘤，根部易解板，中有纹理，称桦木瘿。

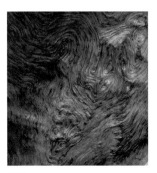

桦木

参考文献

[1] 范濂，《云间据目抄》，民国进步书局石拓本《笔记小说大观》第三辑。

[2] 张廷玉等，《明史·严嵩传》，中华书局，1974。

[3] 申时行，《明会典》卷一八九《工匠二》，中华书局，1989。

[4] 文震亨，《长物志》，重庆出版社，2008。

[5] 冯梦龙，《醒世恒言》，中华书局，2009。

[6] 吴江市地方志编纂委员会，《吴江县志》卷二十五《社会》，江苏科学技术出版社，1994。

[7] 叶子奇等撰、吴东昆等校点，《草木子（外三种）》，上海古籍出版社，2012。

[8] 李渔，《闲情偶寄》，上海古籍出版社，2018。

[9] 土世襄，《明式家具珍赏》，文物山版社，2003。

[10] 王世襄，《明式家具研究》，生活·读书·新知三联书店，2013。

[11] 王世襄，《明式家具萃珍》，上海人民出版社，2005。

[12] 陈增弼，《传薪：中国古代家具研究》，故宫出版社，2018。

[13] 黄定中，《留馀斋藏明清家具》，生活·读书·新知三联书店，2009。

[14] 濮安国，《明清苏式家具》，湖南美术出版社，2009。

[15] 伍嘉恩，《明式家具二十年经眼录》，故宫出版社，2010。

[16] 梁旻，《宋式家具：中国传统家具的形制转型及风格流变》，东南大学出版社，2016。

[17] 周峻巍，《明式榉木家具》，浙江人民美术出版社，2018。

[18] 刘传俊，《文房》，文物出版社，2020。

[10] 浙江大学中国古代书画研究中心，《宋画全集》，浙江大学出版社，2008 至今。

[20] 古斯塔夫·艾克著，高灿荣译，《中国花梨家具图考》，南天书局，2014。

后 记

此书以宋代家具和明式家具为主线，以研究和解析实例及图像资料的形式来诠释宋以前中国古代家具的发展和形制演变。由于笔者缺乏这方面的资料，故在书中引用了陈增弼著《传薪：中国古代家具研究》一书中的图片，所引用图片如下：第一章图 1、2、5、7、8、9、11、12、14、21、22、24、27、35、37、39、41、45、46、47、48、67、73、74、83、84、85、95、104、109、113、131；118 页最下图；182 页最上图；216 页最上图和最下两图；236 页最下图，谨此表示最诚挚的谢意。

研究宋代家具主要根据图像资料和少数留存的实例进行分析，明式家具部分大多采用实例分析，其中的一些观点可能为个人浅见，请读者仔细解悟。

书中的宋代家具与明式家具的实例，部分是由笔者拍摄。

在此十分感谢黄定中先生、周俊巍先生、刘海青先生、刘传俊先生、华凯先生、孟子渊先生、周新建先生、李斌先生提供了优秀的宋代家具和明式家具实例。

感谢浙江人民美术出版社、浙江新华图文制作有限公司，让此书得以付梓。

陈乃明

庚子（2020）初秋于养正书斋

图书在版编目（CIP）数据

宋韵明风：宋明家具形制与风格 / 陈乃明著. ——
杭州：浙江人民美术出版社，2021.6
ISBN 978-7-5340-8821-6

Ⅰ.①宋… Ⅱ.①陈… Ⅲ.①家具—研究—中国—宋
代②家具—研究—中国—明代 Ⅳ.①TS666.204

中国版本图书馆CIP数据核字（2021）第092263号

策划编辑　屈笃仕
责任编辑　傅笛扬　姚　露
封面设计　傅笛扬
责任校对　毛依依
责任印制　陈柏荣
图片摄影　陈乃明
CAD制作　上官俊雄　付天赐　叶倩衡

宋韵明风：宋明家具形制与风格

陈乃明　著

出版发行　浙江人民美术出版社
　　　　　（杭州市体育场路347号）
经　　销　全国各地新华书店
制　　版　浙江新华图文制作有限公司
印　　刷　浙江海虹彩色印务有限公司
版　　次　2021年6月第1版
印　　次　2021年6月第1次印刷
开　　本　787mm×1092mm　1/16
印　　张　18.25
字　　数　475千字
书　　号　ISBN 978-7-5340-8821-6
定　　价　228.00元

如发现印刷装订质量问题，影响阅读，请与出版社营销部联系调换。